U0142732

圖解

三大特色
● 一單元一概念，迅速理解電磁學的精華及內涵
● 內容完整，架構清晰。適合做為高普考、國營事業、研究所考試的電磁學工具書
● 圖文並茂‧容易理解‧快速吸收

電磁學

張簡士琨
溫坤禮 / 著

閱讀文字

理解內容

觀看圖表

圖解讓
電磁學
更簡單

五南圖書出版公司 印行

序

在電機及電子領域中，電磁學是一們非常重要的學科，坊間已有許多不同的相關系列問世，但是在深入及廣度的教材上，並沒有看到一套有系列介紹，並且白話的教材存在。此外，對於電磁學而言，相關的教材及專書似乎太過於專門及艱深，使得欲學習此項科目的學生不能夠得心應手的加以學習及了解。

因此，本書主要鎖定在此一領域，分成兩大部分：

第一部分是針對基本電磁學的重要領域—向量分析、庫倫定律、靜電學、靜磁學及馬克斯威爾方程式，以深入淺出的白話及圖文並貌的說明的方式，將內容加以呈現。

第二部分是收集及整合基本電磁學相關的考題，內容從庫倫定律開始，涵蓋了電場、電位、電容、電流、電阻、磁場及電磁力等領域，總共160題，經由作者詳細的加以解析。提供學習者之實地練習之用。

完成了一套易懂及具有白話文說明的基本電磁學教學系統，並且更一步發展成電機專業課程的輔助教材。

本書目錄

第 **4** 章

電　場

第 **5** 章

電　位

第 **6** 章

介 電 質

第 **7** 章

電容、電流與電阻

第 **8** 章

穩定的磁場

第**12**章

附錄：範例解析

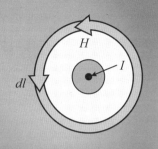

第 1 章

電磁學的發展史及基本架構

章節體系架構 ▼

Unit **1-1**

電荷的介紹

　　電荷 (electric charge) 是物質的一種物理性質，是由一堆稱為基本電荷的單獨小單位組成的，在物理上稱帶有電荷的粒子為**帶電粒子**。電荷的量稱為**電荷量**，在國際單位，電荷量的符號以 Q 為表示，單位是庫倫 (Coulomb)。而基本電荷 (elementary charge) 則以符號 e 表示，電量大小為 1.602×10^{-19} 庫侖。

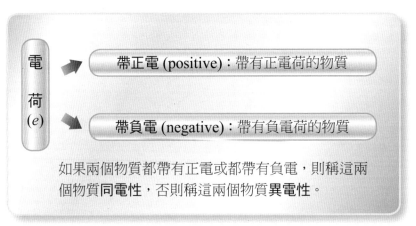

如果兩個物質都帶有正電或都帶有負電，則稱這兩個物質**同電性**，否則稱這兩個物質**異電性**。

　　兩個帶電物質之間會互相施加作用力於對方，也會感受到對方施加的作用力，此一作用力稱為**庫侖定律** (Coulomb's law)。經由實驗，靜止的電荷會產生**電場** (electrical field)，等速移動的電荷會產生**電流** (current)及**磁場** (magnetic)，而加速運動的電荷則產生**電磁波** (electromagnetic wave)，此時帶電粒子與電磁場之間的交互作用所產生的力稱為**電磁力** (electromagnetic force)。

小博士解說

　　庫侖定律 (Coulomb's law)，法國物理學家查爾斯・庫侖於 1785 年發現，因而命名的一條物理學定律。庫侖定律是電學發展史上的第一個定量型規律。因此，電學的研究從定性進入定量階段，是電學史中的一塊重要的里程碑。

電子和電流的方向及大小

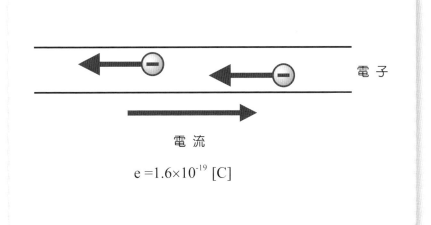

電子

電流

$$e = 1.6 \times 10^{-19} \ [C]$$

正負電荷的產生（毛皮摩擦玻璃棒）

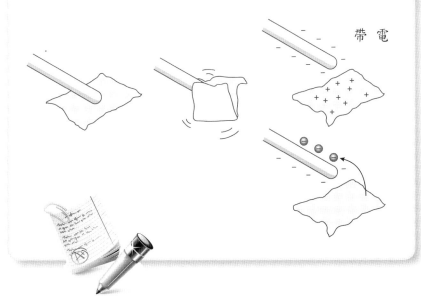

帶電

Unit 1-2
電磁學的發展史-1

1733 年　法國科學家杜菲 (C. F. Dufay, 1698~1739) 認識到兩種電性，亦即正 (positive) 和負 (negative) 兩種。

1745 年　德國學者克萊斯特 (E. G. Von Kleist, 1700~1748) 與荷蘭物理學家麻森・布洛克 (P. Van Musschenbrock, 1692~1761) 同時發明了萊頓瓶第一個容器。

1750 年　美國的科學家富蘭克林 (B. Franklin, 1706~1790) 探討了雷 (lightning) 的本性，提出了電量守恆原理的原始概念，利用風箏證明了雷擊只是一種氣體絕緣破壞的現象，後人也根據此一結果發明了**避雷針** (lightning arrester)。

1785 年　法國科學家庫侖 (C. A. Coulomb, 1736~1806) 利用實驗法則及方法建立電學中最重要的定律：庫侖靜電力平方反比定律。

$$F = \frac{KQ_1Q_2}{R^2} \qquad (1)$$

1813 年　德國科學家高斯 (K. F. Guass, 1777~1855) 長期觀察電的現象，因而推導出有名的**高斯定律**，它的內容是：「通過某一封閉曲面上的總電力線數 (電通量) 和該封閉曲面內的總電荷數成正比」。

$$\oint \vec{E} \cdot dS = \frac{Q}{\varepsilon_0} \qquad (2)$$

1820 年　丹麥物理學奧斯特 (H. C. Oersted, 1777~1851) 發現了電流和磁場的關係。

1822 年　法國物理學家安培 (A. M. Ampere, 1775~1836) 提出了安培定律。

$$\oint \vec{H} \cdot d\vec{l} = NI \qquad (3)$$

1827 年　德國物理學家歐姆 (G. S. Ohm, 1787~1854) 建立了歐姆定律。

$$R = \frac{V}{I} \qquad (4)$$

杜 菲

麻森・布洛克

富蘭克林

庫 侖

高 斯

奧斯特

安 培

歐 姆

Unit **1-3**

電磁學的發展史-2

1831 年　英國的物理學家與化學家法拉第 (M. Faraday, 1791~1867) 發現了電磁感應現象，並建立了目前變壓器的數學模式：法拉第電磁感應定律。

$$e = -N \frac{d\phi}{dt} \qquad (5)$$

其中的負號代表冷次定律 (Lentz's law) ⇨ 維持現狀。

1864 年　英國物理學家馬克斯威爾 (J. C. Maxwell, 1831-1879) 集其大成而建立了以馬克斯威爾方程組為基本架構的完整電磁理論，並且預言了電磁波的存在。

$$\nabla \cdot \vec{E} = \frac{\rho}{c} \text{ , } \nabla \times \vec{E} = 0 \text{ , } \nabla \cdot \vec{H} = 0 \text{ , } \nabla \times \vec{H} = J \quad (6)$$

並提出四大方程式：

i. $\nabla \cdot \vec{E} = \frac{\rho}{\varepsilon}$ （電場發散的程度和電荷所處在的環境有相當大的關係）

ii. $\nabla \times \vec{E} = 0$ （電場只有發散沒有旋轉）

iii. $\nabla \cdot \vec{H} = 0$ （磁場只有旋轉沒有發散）

iv. $\nabla \times \vec{H} = \vec{J}$ （磁場旋轉的程度和磁荷所處在的環境有相當大的關係）

1888 年　德國物理學家赫茲 (H. R. Hertz, 1857-1894) 經由實驗終於證明了電磁波存在的真實性，並且傳播速度和光速是相同的。

$$c = \frac{1}{\sqrt{\varepsilon_0 \mu_0}} \qquad (7)$$

1895 年　荷蘭物理學家羅倫茲 (H. A. Lorentz, 1856-1943) 將庫倫力和電磁力加以合成，就成為了運動電荷 Q 所受的總力大小。

$$\vec{F} = \vec{F}_e + \vec{F}_m = Q\vec{E} + Q\vec{V} \times \vec{B} = Q(\vec{E} + \vec{V} \times \vec{B}) \qquad (8)$$

重要人物介紹

法拉第

馬克斯威爾

赫　茲

羅倫茲

電磁學之基本架構

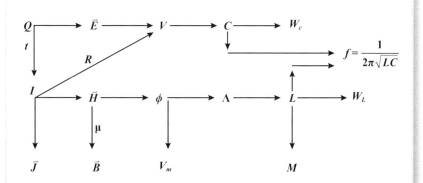

Unit **1-4**

電磁學的基本常識-1

古希臘 (ancient Greece) 是指中世紀的古風時期開始到前 146 年被羅馬征服之前這段時間的希臘文明。在電磁學中，由於出現的符號大多為希臘字母，因此將希臘字母做一個總整理。

希臘字母及其英文發音對照表（小寫）

希臘字母	英文發音	希臘字母	英文發音	希臘字母	英文發音
α	alpha	β	beta	γ	gamma
δ	delta	ε	epsilon	ζ	zeta
η	eta	θ	theta	ι	iota
κ	kappa	λ	lambda	μ	mu
ν	nu	ζ	xi	υ	ο
π	pi	ρ	rho	σ	sigma
τ	tau	υ	upsilon	ϕ	phi
χ	chi	φ	psi	ω	omega

希臘字母及其英文發音對照表（大寫）

希臘字母	英文發音	希臘字母	英文發音	希臘字母	英文發音
A	alpha	B	beta	Γ	gamma
Δ	delta	E	epsilon	Z	zeta
H	eta	Θ	theta	I	iota
K	kappa	Λ	lambda	M	mu
N	nu	Ξ	xi	O	o
Π	pi	P	rho	Σ	sigma
T	tau	Y	upsilon	Φ	phi
X	chi	Ψ	psi	Ω	omega

古希臘地圖

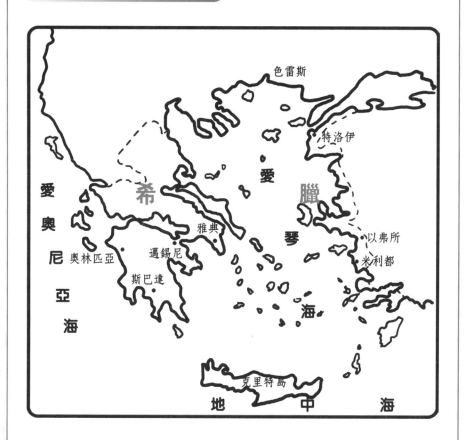

用於電磁學相關符號之說明

符號	說明	符號	說明	符號	說明
Δ	前後之差	η	效率	Σ	總相加
β	角度	θ	角度	Φ	總通量
Λ	自感	Ω	立體角	ε	介電係數
γ	量子力學中的射線	λ	波長	ω	頻率
M	互感	ν	波長	π	圓角
δ	誤差及偏向角度	ρ	電阻係數	ϕ	通量
σ	電導係數	Π	總相乘		
α	電場、電流場及磁場之偏向角度				

Unit **1-5**
電磁學的基本常識-2

圖解電磁學

在研究整個物理的過程當中，首先要先定義基本量，因此我們希望能找出一組數目最少的物理量 (亦可以稱為**特徵向量**)，使它們除了本身能被加以定義及量度外，同時也可以將它們作適當的組合，而將其它所有物理量一一地表示出，此時這組數目最少的被選取量就稱之為基本量 (fundamental quantity)。

由傳統的物理出發，首先定義大家所熟悉的力學，接著再定義電學，化學及光學，在右表中將所有的基本量做了總整理。

010

① 力學：長度 (length: meter)、質量 (mass: kilogram) 和時間 (time: second)。

② 電學：電流 (current: Ampere)。

③ 化學：溫度 (temperature: Kelvin)、物質量 (mole: Mol)。

④ 光學：光強度 (candela: cd)。

國際單位制 (international system of unit) 常常被稱為「ＳＩ制」，來源為法文原名 Le Systéme International d'Unités。第 12 頁圖中顯示了各種國際單位的架構及相互關係圖。

基本 SI 單位

編號	基本量名稱	單位名稱	單位符號
1	長度(length)	米	m
2	質量(mass)	公斤	kg
3	時間(time)	秒	s
4	電流(current)	安培	A
5	溫度(temperature)	凱爾文	K
6	物質量(mole)	克分子（莫耳）	mol
7	光強度(candela)	燭光	cd

 知識補充站

　　水星的光線偏折：水星的光原本應到達A點，但是經由太陽之重力場影響，朝向物體發生彎曲，而到達B點，產生值的彎曲。1919年5月29日，是觀測日全蝕的大好時機，英國劍橋大學天文台長亞瑟埃丁頓爵士 立即率領一支觀測隊，並攜帶大批器材趕到西非幾內亞普林西比島，全蝕時間共302秒鐘，共拍攝16張照片，送到英國皇家學會分析結果，得到的光線偏折角度最大1.98秒、最小1.61秒。而經由相對論的計算為是1.75秒，表示結果是正確的。

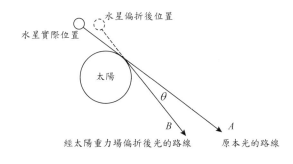

經太陽重力場偏折後光的路線　　原本光的路線

國際單位的架構及相互關係

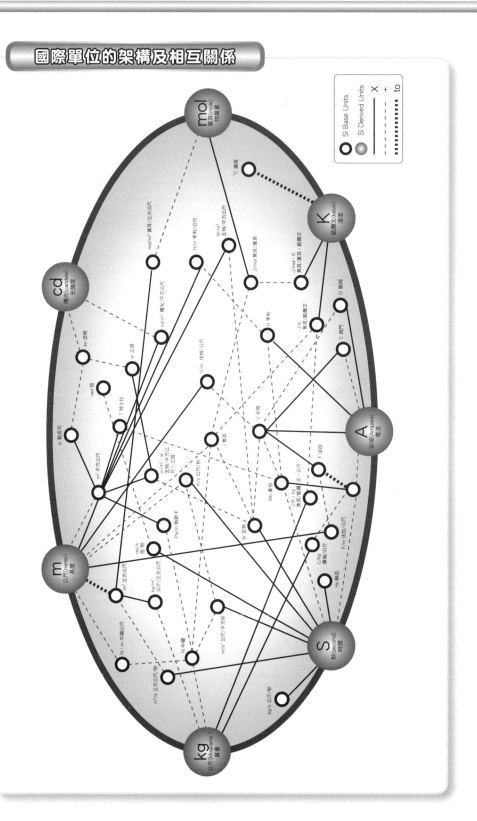

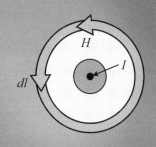

第 **2** 章

座標與基本概念

-- 章節體系架構 ▼

Unit **2-1**
座標系統-基本概念-1

座標系統的目的是根據不同幾何形狀的被研究對象，而產生的一種數學解法。由數學的法則中，你可以發明許多種類的座標系統，只要能很快的解出答案即可，但是要注意的是，一定要有通用性及廣泛性。

在電磁學中，經由實際的分析及工程上之應用，發現用得最多的座標系統有三種，那就是**直角座標系統** (rectangular coordinates)、**圓柱座標系統** (cylinder coordinates) 及**圓球座標系統** (sphere coordinates)。

座標系統

> 直角座標系統：三個參數定義為 x，y 及 z，範圍是
>
> $$-\infty < x < \infty \ , \ -\infty < y < \infty \ , \ -\infty < z < \infty \qquad (1)$$

> 圓柱座標系統：三個參數定義為 γ，ϕ 及 z，範圍是
>
> $$0 \le r < \infty \ , \ 0 \le \phi < 2\pi \ , \ -\infty < z < \infty \qquad (2)$$

> 圓球座標系統：三個參數定義為 R，θ 及 ϕ，範圍是
>
> $$0 \le R < \infty \ , \ 0 \le \theta \le \pi \ , \ 0 \le \phi < 2\pi \qquad (3)$$

小博士解說

笛卡兒座標 (Cartesian coordinates)，一般稱為直角座標系，是人類生活空間最常用的三軸垂直座標，是法國數學家勒內・笛卡爾在 1637 年，根據自己的巨作《方法論》(Discours de la m'ethode) 所創建的，對於後來的西方學術發展，有很大的貢獻。從此以後，人類根據直角座標的觀念，陸續發展了圓柱座標、圓球座標及橢圓座標等相關實用之座標系統。

多類型的座標系統

直角座標系統

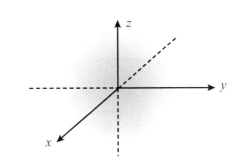

圓柱座標系統

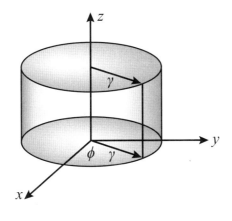

圓球座標系統

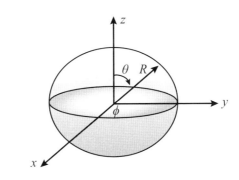

Unit **2-2**

座標系統-基本概念-2

由基本數學可以知道，空間中的任何一點座標一定可以用三個參數加以表示，而且構成這一點所需的三個基本量，彼此之間一定有著正交 (orthogonal) 的關係。

① 單位向量是 $\vec{a}_x, \vec{a}_y, \vec{a}_z$ （或者 $\vec{i}, \vec{j}, \vec{k}$ ），彼此之間為正交。所展開的表面積和體積為

$$dS_{xy} = dxdy \tag{1}$$

$$dS_{yz} = dydz \tag{2}$$

$$dS_{zx} = dzdx \tag{3}$$

$$dV_{xyz} = dxdydz \tag{4}$$

② 單位向量是 $\vec{a}_r, \vec{a}_\phi, \vec{a}_z$，對於所展開的表面積及體積為

$$dS_{r\phi} = rdrd\phi \tag{5}$$

$$dS_{rz} = drdz \tag{6}$$

$$dS_{z\phi} = rdzd\phi \tag{7}$$

$$dV_{r\phi z} = rdrd\phi dz \tag{8}$$

③ 單位向量是 $\vec{a}_R, \vec{a}_\theta, \vec{a}_\phi$，對於所展開的表面積及體積為

$$dS_{R\theta} = RdRd\theta \tag{9}$$

$$dS_{\theta\phi} = R^2 \sin\theta \, d\theta \, d\phi \tag{10}$$

$$dS_{R\phi} = R \sin\theta \, dR \, d\phi \tag{11}$$

$$dV_{R\theta\phi} = R^2 \sin\theta \, dR d\theta \, d\phi \tag{12}$$

正交座標系統的表面積和體積

直角座標下的表面積和體積

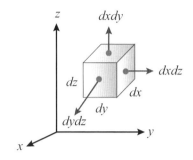

圓柱座標下的表面積和體積

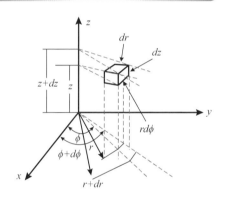

圓球座標下的表面積和體積

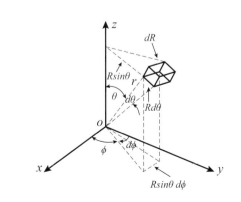

Unit **2-3**

座標轉換-直角座標與圓柱座標

① 直角和圓柱座標之間的轉換

$$x = r\cos\phi \;,\; y = r\sin\phi \;,\; z = z \tag{1}$$

$$r = \sqrt{x^2 + y^2} \;,\; \phi = \tan^{-1}\frac{y}{x} \;,\; z = z \tag{2}$$

② 直角座標和圓柱座標之間的向量轉換

利用簡單的幾何和三角函數的關係，從 z 軸的上方往下看，很明顯的得到 x 方向及 y 方向的分量分別為

$$-\vec{a}_\phi \cos(\frac{\pi}{2}-\phi) + \vec{a}_r \cos\phi \Rightarrow X\,方向 \tag{3}$$

$$\vec{a}_\phi \sin(\frac{\pi}{2}-\phi) + \vec{a}_r \sin\phi \to Y\,方向 \tag{4}$$

將上面兩式加以整理後，可以得到

$$\vec{a}_x = \vec{a}_r \cos\phi - \vec{a}_\phi \sin\phi + 0\vec{a}_z \tag{5}$$

$$\vec{a}_y = \vec{a}_r \sin\phi + \vec{a}_\phi \cos\phi + 0\vec{a}_z \tag{6}$$

$$\vec{a}_z = 0\vec{a}_r + 0\vec{a}_\phi + 1\,\vec{a}_z \tag{7}$$

如果利用矩陣的表示方法，可以整理成

$$\begin{bmatrix} \vec{a}_x \\ \vec{a}_y \\ \vec{a}_z \end{bmatrix} = \begin{bmatrix} \cos\phi & -\sin\phi & 0 \\ \sin\phi & \cos\phi & 0 \\ 0 & 0 & 1 \end{bmatrix} \begin{bmatrix} \vec{a}_r \\ \vec{a}_\phi \\ \vec{a}_z \end{bmatrix} \tag{8}$$

$$\begin{bmatrix} \vec{a}_r \\ \vec{a}_\phi \\ \vec{a}_z \end{bmatrix} = \begin{bmatrix} \cos\phi & \sin\phi & 0 \\ -\sin\phi & \cos\phi & 0 \\ 0 & 0 & 1 \end{bmatrix} \begin{bmatrix} \vec{a}_x \\ \vec{a}_y \\ \vec{a}_z \end{bmatrix} \tag{9}$$

直角座標和圓柱座標之間的座標轉換

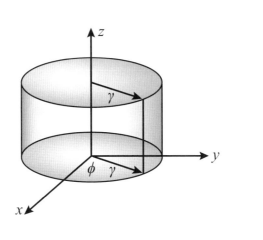

直角座標和圓柱座標之間的向量轉換

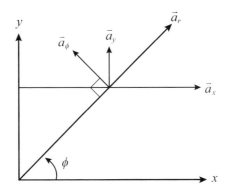

Unit **2-4**
座標轉換-圓柱座標與圓球座標

① 圓柱和圓球座標之間的轉換

$$r = R\sin\theta \ , \ \phi = \phi \ , \ z = R\cos\theta \tag{1}$$

$$R = \sqrt{r^2 + z^2} \ , \ \theta = \cos^{-1}\frac{z}{\sqrt{r^2 + z^2}} \ , \ \phi = \phi \tag{2}$$

② 圓柱座標和圓球座標之間的向量轉換

利用相等的性質，從正前方看過去，可以得到右上圖的向量圖，由右下圖可以得到

$$\vec{a}_r = \vec{a}_R \cos(\frac{\pi}{2} - \theta) + \vec{a}_\theta \cos\theta + 0\vec{a}_\phi \tag{3}$$

$$\vec{a}_\phi = 0\vec{a}_R + 0\vec{a}_\theta + 1\vec{a}_\phi \tag{4}$$

$$\vec{a}_z = \vec{a}_R \sin(\frac{\pi}{2} - \theta) - \vec{a}_\theta \sin\theta + 0\vec{a}_\phi \tag{5}$$

如果利用矩陣表示，可以整理成

$$\begin{bmatrix} \vec{a}_r \\ \vec{a}_\phi \\ \vec{a}_z \end{bmatrix} = \begin{bmatrix} \sin\theta & \cos\theta & 0 \\ 0 & 0 & 1 \\ \cos\theta & -\sin\theta & 0 \end{bmatrix} \begin{bmatrix} \vec{a}_R \\ \vec{a}_\theta \\ \vec{a}_\phi \end{bmatrix} \tag{6}$$

$$\begin{bmatrix} \vec{a}_R \\ \vec{a}_\theta \\ \vec{a}_\phi \end{bmatrix} = \begin{bmatrix} \sin\theta & 0 & \cos\theta \\ \cos\theta & 0 & -\sin\theta \\ 0 & 1 & 0 \end{bmatrix} \begin{bmatrix} \vec{a}_r \\ \vec{a}_\phi \\ \vec{a}_z \end{bmatrix} \tag{7}$$

圓柱座標和圓球座標之間的座標轉換

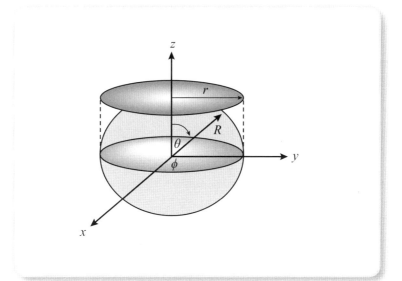

圓柱座標和圓球座標之間的向量轉換

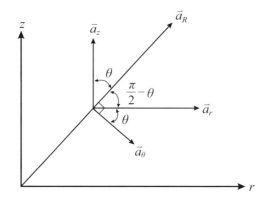

Unit **2-5**
座標轉換-直角座標與圓球座標

① 直角和圓球座標之間的轉換

$$x = R \sin\theta \cos\phi \;,\quad y = R \sin\theta \sin\phi \;,\quad z = R \cos\theta \qquad (1)$$

$$R = \sqrt{x^2 + y^2 + z^2} \;,\quad \theta = \cos^{-1} \frac{z}{\sqrt{x^2 + y^2 + z^2}}$$

$$\phi = \tan^{-1} \frac{y}{x} \qquad (2)$$

② 直角座標和圓球座標之間的向量轉換

一般的解法是利用三度空間的圖形加以計算，但這種方法並不是十分容易，而且也不容易體會，因此利用一些簡單的代數方法將它們之間的關係求出。仔細觀察可以得到

$$\begin{bmatrix} \vec{a}_x \\ \vec{a}_y \\ \vec{a}_z \end{bmatrix} = \begin{bmatrix} \cos\phi & -\sin\phi & 0 \\ \sin\phi & \cos\phi & 0 \\ 0 & 0 & 1 \end{bmatrix} \begin{bmatrix} \vec{a}_r \\ \vec{a}_\phi \\ \vec{a}_z \end{bmatrix}$$

$$\begin{bmatrix} \vec{a}_r \\ \vec{a}_\phi \\ \vec{a}_z \end{bmatrix} = \begin{bmatrix} \sin\theta & \cos\theta & 0 \\ 0 & 0 & 1 \\ \cos\theta & -\sin\theta & 0 \end{bmatrix} \begin{bmatrix} \vec{a}_R \\ \vec{a}_\theta \\ \vec{a}_\varphi \end{bmatrix} \qquad (3)$$

$$\begin{bmatrix} \vec{a}_x \\ \vec{a}_y \\ \vec{a}_z \end{bmatrix} = \begin{bmatrix} \cos\phi & -\sin\phi & 0 \\ \sin\phi & \cos\phi & 0 \\ 0 & 0 & 1 \end{bmatrix} \begin{bmatrix} \sin\theta & \cos\phi & 0 \\ 0 & 0 & 1 \\ \cos\theta & -\sin\theta & 0 \end{bmatrix} \begin{bmatrix} \vec{a}_R \\ \vec{a}_\theta \\ \vec{a}_\phi \end{bmatrix}$$

$$= \begin{bmatrix} \sin\theta\cos\phi & \cos\theta\cos\phi & -\sin\phi \\ \sin\theta\sin\phi & \cos\theta\sin\phi & \cos\phi \\ \cos\theta & -\sin\theta & 0 \end{bmatrix} \begin{bmatrix} \vec{a}_R \\ \vec{a}_\theta \\ \vec{a}_\phi \end{bmatrix} \qquad (4)$$

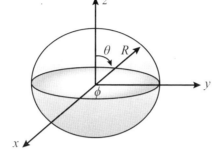

023

知識補充站

在日常生活中，思考一下有哪些是利用到直角座標，圓柱座標及圓球座標。

例如：貨櫃是直角座標，水管及電線是圓柱座標，而瓦斯儲氣槽是圓球座標等等。

筆 記 欄

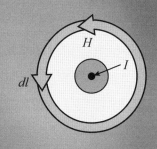

第 3 章

電磁學的向量單位

章節體系架構 ▼

Unit **3-1**
向量的基本概念

　　如果在空間中的某一個區域內，每一點都有一個確定數值的物理量和其相對應，而且這些確定數值都是連續的話，就稱它為該物理量的**場** (field)。如果這個場有一定方向和一定的數值，即稱為**向量場** (vector field)。

① 向量的加法及減法

　　這是向量的最基本運算，加法可以利用分解法，也就是將所有的向量分解成各個正交方向後再做運算，而減法只是將被減的向量反向就可以了。此外也可以利用頭尾相連接的方法，也有使用平行四邊形的法則做加減法運算。

② 向量的純量乘

　　向量的純量乘主要是在向量前面乘上一個數 (number)，這個數可以是實數，甚至是複數。對於實數來說

$$\alpha \vec{A}, \alpha \in C \qquad (1)$$

　　當 $\alpha > 1$ 時是將向量放大，在 $0 < \alpha < 1$ 時則是縮短，如果 $\alpha < 0$ 則是將向量轉了 $180°$ 後，再行放大或縮小。

　　如果 α 為一複數 ($\alpha \vec{A}, \alpha \in C$)，此時結果是將平面上的向量 $\vec{A}$ 旋轉某一角度後，再行放大或縮小。

向量的基本運算

向量的分解（加法）

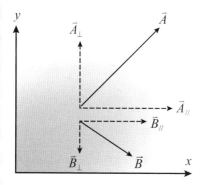

向量的分解（減法）

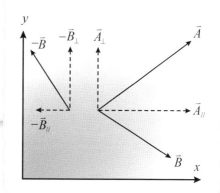

向量的頭尾相連接加法

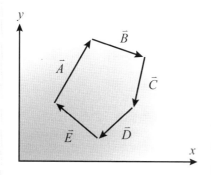

向量的平行四邊形法

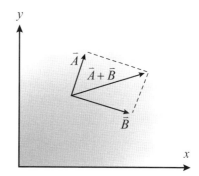

Unit **3-2**
向量的內積

　　內積 (dot product, inner product) 為向量乘的一種，因為最常用的是為「‧」做運算符號，所以一般又被稱做是**內積**或**點積**，它的數學意義是 $\vec{A} = (a_1, a_2, a_3),\ \vec{B} = (b_1, b_2, b_3)$，

$$\vec{A} \cdot \vec{B} = (a_1b_1 + a_2b_2 + a_3b_3) \tag{1}$$

　　如果要說明它的物理意義的話，先讓我們介紹向量的**模** (norm)。向量 $\vec{A}$ 的**模**被定義為

$$\left|\vec{A}\right| = \sqrt{a_1^2 + a_2^2 + a_3^2} \quad (\text{歐幾里德模}) \tag{2}$$

可以說向量的模即是向量的大小，而內積和模的關係可以表示成

$$\vec{A} \cdot \vec{B} = \left|\vec{A}\right|\left|\vec{B}\right|\cos\theta \tag{3}$$

其中 θ 為向量 $\vec{A}$ 和向量 $\vec{B}$ 的夾角。

　　由於兩向量的**內積**結果為純量，所以內積又稱**純量積**。由 (3) 式中，可以很容易的看出，內積的功能是在求兩個向量之間的夾角，這在三度空間的分析上，如果圖形不容易描繪時是非常有用的。

　　另外內積的另一個作用是**投影量** (projection) 的觀念，由右上圖中很容易的可以看出 $\left|\vec{A}\right|\cos\theta$ 就是向量 $\vec{A}$ 在向量 $\vec{B}$ 上的投影量，也可以說是向量 $\vec{A}$ 中有多少成份是和向量 $\vec{B}$ 是相同地，在往後的電磁學的電場分析上有相當大的用處。

向量的投影

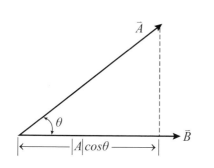

 知識補充站

- 21 世紀的人工智慧蓬勃發展，但是讀者可能不知道向量內積是人工智慧領域中，神經網路技術的數學基礎之一。主要的目的是用來進行方向性判斷，如果兩向量的內積大於 0，表示互相接近；如果兩向量的內積小於 0，則表示相互遠離。

- 書上提到內積的另一個作用是「投影量」(projection)。颱風在關島附近產生　，想像一下，如果向西進行則直撲台灣，如果向北進行，則直撲日本。如果向西北進行，則撲向台灣的可能性就可以利用內積的方法加以算出。

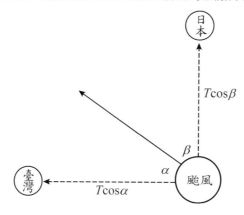

Unit **3-3**
向量的外積

　　向量的自乘中用「×」當做運算符號的稱為**外積**或稱**叉積** (cross product)，以直角座標為例

　　如果 $\vec{A} = (a_1, a_2, a_3)$, $\vec{B} = (b_1, b_2, b_3)$ ，則

$$\begin{aligned}\vec{A} \times \vec{B} = & \; a_1 b_1 (\vec{a}_x \times \vec{a}_x) + a_1 b_2 (\vec{a}_x \times \vec{a}_y) + a_1 b_3 (\vec{a}_x \times \vec{a}_z) \\ & + a_2 b_1 (\vec{a}_y \times \vec{a}_x) + a_2 b_2 (\vec{a}_y \times \vec{a}_y) a_2 b_3 (\vec{a}_y \times \vec{a}_z) \quad (1) \\ & + a_3 b_1 (\vec{a}_z \times \vec{a}_x) + a_3 b_2 (\vec{a}_z \times \vec{a}_y) + a_3 b_3 (\vec{a}_z \times \vec{a}_z)\end{aligned}$$

　　其中：$\vec{a}_x \times \vec{a}_x = \vec{a}_y \times \vec{a}_y = \vec{a}_z \times \vec{a}_z = 0$，$\vec{a}_x \times \vec{a}_y = \vec{a}_z$，

　　　　　$\vec{a}_y \times \vec{a}_z = \vec{a}_x$，$\vec{a}_z \times \vec{a}_y = \vec{a}_x$

　　由於答案非常的繁雜，因此我們利用行列式的形式加以簡單的表示為

$$\vec{A} \times \vec{B} = \begin{vmatrix} \vec{a}_x & \vec{a}_y & \vec{a}_z \\ a_1 & a_2 & a_3 \\ b_1 & b_2 & b_3 \end{vmatrix} \qquad (2)$$

由 (2) 式中也很容易的看出來，外積除了仍是一個向量之外 (所以又稱為向量積)，而 $\vec{A} \times \vec{B}$ 和 $\vec{B} \times \vec{A}$ 之間也剛好差一個負號，亦即
$\vec{A} \times \vec{B} = - \vec{B} \times \vec{A}$ 。此外我們也可以利用三角函數的關係表示外積的大小為

$$\vec{A} \times \vec{B} = |\vec{A}||\vec{B}| \sin\theta \qquad (3)$$

　　在電磁學中，外積主要的功用是引出**旋度**，並做為磁場大小的計算之用。而在幾何意義上，$\vec{A} \times \vec{B}$ 所得的一個新的向量，此一新的向量會同時垂直於向量 $\vec{A}$ 和向量 $\vec{B}$ 所構成的平面 (讀者可以使用右手螺旋方式決定此一方向)。

向量外積的幾何意義

$$\vec{A} \times \vec{B}$$

$\vec{A}$ θ $\vec{B}$

知識補充站

　　外積主要的功用是引出「旋度」並做磁場大小的計算之用，因此在實際的生活中，各位一定讀過佛來明左手定則（Fleming's left hand rule），左手三根手指互相垂直，中指的方向為電流方向、食指的是磁場方向、拇指的則是導體受力的方向。

　　三者之所以要垂直，是因為外積的計算是：

$$\vec{A} \times \vec{B} = \left| \vec{A} \right| \left| \vec{B} \right| \sin \theta$$

當 $\theta = 90^\circ$ 時，$\sin \theta$ 等於 1，此時為最大值。

Unit 3-4
向量的演算子及其定理

① 漢彌頓 (Hamliton) 演算子

我們引進一個新的演算子，稱為**漢彌頓 (Hamliton) 演算子**，又稱為向量演算子，使用「∇」符號表示，唸法為「Del」。我們以直角座標為例，∇的數學式定義為

$$\nabla \equiv \frac{\partial}{\partial x}\vec{a}_x + \frac{\partial}{\partial y}\vec{a}_y + \frac{\partial}{\partial z}\vec{a}_z \tag{1}$$

由 (1) 式中，可以看出 ∇ 本身具有向量及演算子的雙重性格，但是在一般的工程應用上，我們都是利用它為演算子的特性。如果我們將 ∇ 當作一個向量，那麼利用向量間的內積，可以得到 ∇ · ∇ 結果為

$$\nabla \cdot \nabla = (\frac{\partial}{\partial x}\vec{a}_x + \frac{\partial}{\partial y}\vec{a}_y + \frac{\partial}{\partial z}\vec{a}_z) \cdot (\frac{\partial}{\partial x}\vec{a}_x + \frac{\partial}{\partial y}\vec{a}_y + \frac{\partial}{\partial z}\vec{a}_z)$$

$$= \frac{\partial^2}{\partial x^2} + \frac{\partial^2}{\partial y^2} + \frac{\partial^2}{\partial z^2} = \nabla^2 \tag{2}$$

此時 ∇^2 稱為**拉普拉斯演算子**唸做 Laplacian：拉普拉辛，一般均使用在電磁學中解電位的偏微分方程式內。

 小博士解說

演算子 (operator) 的定義是本身沒有任何意義，必須結合數 (number) 或者式 (variable) 才有意義。例如對數演算子 ln，必須結合數：ln(2)=0.6931，微分演算子 $\frac{d}{dx}$，必須結合式：$\frac{d}{dx}x^3 = 3x^2$ 才有意義。而電磁學中所提出的 ∇，本身也是向量，因此稱為向量演算子。

② 赫姆霍茲定理

所謂的赫姆霍茲定理是說：空間內的任一向量場 $\vec{F}$ 可以用它的散度 $\vec{F_1}$、旋度 $\vec{F_2}$ 及邊界條件等三項加以表示，而且這一個表示是唯一(unique)的

$$\vec{F} = \vec{F_1} + \vec{F_2}$$
$$= -\nabla\phi + \nabla \times \vec{A} \tag{3}$$

經由赫姆霍茲定理，可以推出任一向量場散度的旋度和任一向量場旋度的梯度均為 0，這個定理就稱為兩項零等式。使用數學式子表示則為

$$\nabla \times (\nabla \phi) = 0$$
$$\nabla \bullet (\nabla \times \vec{F}) = 0 \tag{4}$$

知識補充站

兩項零等式的數學式為 $\nabla \times (\nabla \phi) = 0$ 及 $\nabla \bullet (\nabla \times F) = 0$。表示在沒有外力的影響之下，空間內的任一向量場 F，不是散度就是旋度，兩者只能存在一種狀態。

例如日本 311 海嘯時，一艘小船在大海的漩渦中，如果該小船沒有動力的話，則會隨著漩渦沉到中心處。

Unit 3-5
梯　度

圖解電磁學

　　梯度 (gradient) 這個字的來源，各位可以想像一下台灣地區的梯田形狀，每一層的交接處都是垂直的，由**垂直**這個名詞，就可以大略了解梯度的幾何意義了。(如右圖一)

① 數學模式及圖形

　　梯度的數學式子是用向量演算子 ∇ 和某一純量函數 ϕ 相結合而成的，寫成 $\nabla\phi$，使用下列式子加以表示

$$grad\ \phi = \nabla\phi \qquad (1)$$

034

　　它的幾何意義是在某一純量函數 ϕ 上取一個垂直它的向量，此一向量即稱為 $\nabla\phi$。以直角座標而言，梯度可以寫成

$$grad\phi = \nabla\phi$$
$$= (\frac{\partial}{\partial x}\vec{a}_x + \frac{\partial}{\partial y}\vec{a}_y + \frac{\partial}{\partial z}\vec{a}_z)\phi$$
$$= \frac{\partial\phi}{\partial x}\vec{a}_x + \frac{\partial\phi}{\partial y}\vec{a}_y + \frac{\partial\phi}{\partial z}\vec{a}_z \qquad (2)$$

② 工程上的應用

　　在電磁學上這是電場一種求法之一，我們可以利用電位而求得電場的大小。因為電位是一純量函數，而電場本身是一向量，並且由物理意義得知電場是和電位是垂直的，剛好可以用到梯度的方法，如右圖二所示。

梯度的幾何意義

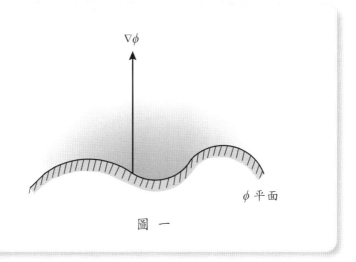

$\nabla\phi$

ϕ 平面

圖 一

電場和電位的關係圖

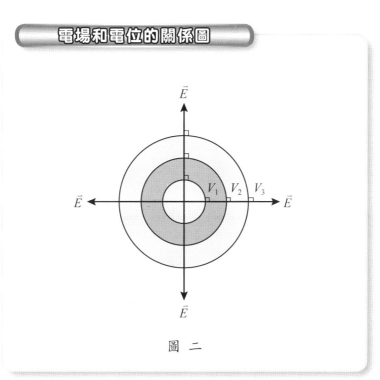

$\vec{E}$

$\vec{E}$

$\vec{E}$

$\vec{E}$

V_1 V_2 V_3

圖 二

Unit **3-6**

散　度

　　我們如果將向量演算子和內積演算子結合，可以得到一個新的演算子「∇・」，這個演算子就稱為散度 (divergence)，它的數學做法是和一個向量相結合，形成一新的結果，但是做法仍是遵守內積的運算方法，以直角座標為例

$$\nabla \cdot \vec{F} = div\,\vec{F}$$
$$= (\frac{\partial}{\partial x}\vec{a}_x + \frac{\partial}{\partial y}\vec{a}_y + \frac{\partial}{\partial z}\vec{a}_z) \cdot (\vec{F}_x\vec{a}_x + \vec{F}_y\vec{a}_y + \vec{F}_z\vec{a}_z)$$
$$= \frac{\partial \vec{F}_x}{\partial x} + \frac{\partial \vec{F}_y}{\partial y} + \frac{\partial \vec{F}_z}{\partial z} \tag{1}$$

① 幾何意義

　　從右圖一中可知道，散度的幾何意義是流經一微小區域內，向四面八方發散的情形，在右圖一中，如果流入的向量只有向 y 方向流出，而沒有從其他面流出，則稱其散度為 0。

② 工程上之應用

　　在電磁學上，其中一種求電場的方法稱為高斯 (Guass) 定律，它可以利用散度的方法，由電荷的大小求得電場 的大小，或者在電路上的克希荷夫電流定律中對任一節點的電流散度 ($div\,\vec{j}$) 為 0，如右圖二所示。

散度的幾何圖形

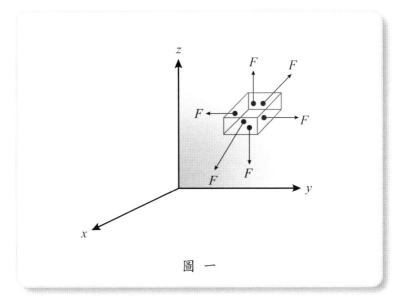

圖 一

克希荷夫電流定律

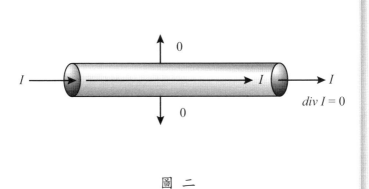

圖 二

Unit 3-7
旋　度

　　如果將向量演算子和外積演算子結合，也一樣可以得到一個新的演算子「∇×」，稱為旋度 (curl)。同樣的它的做法也是和外積相同，以直角座標為例

$$\nabla \times \vec{F} = curl\ \vec{F}$$
$$= \left(\frac{\partial}{\partial x} \vec{a}_x + \frac{\partial}{\partial y} \vec{a}_y + \frac{\partial}{\partial z} \vec{a}_z \right) \times (\vec{F}_x \vec{a}_x + \vec{F}_y \vec{a}_y + \vec{F}_z \vec{a}_z) \qquad (4)$$

同時也可以利用更簡單的行列式形態表示為

$$\nabla \times \vec{F} = \begin{vmatrix} \vec{a}_x & \vec{a}_y & \vec{a}_z \\ \dfrac{\partial}{\partial x} & \dfrac{\partial}{\partial y} & \dfrac{\partial}{\partial z} \\ \vec{F}_x & \vec{F}_y & \vec{F}_z \end{vmatrix} \qquad (5)$$

038

① 幾何意義

　　旋度的幾何意義是以向量為主，繞著某一點為中心所形成的封閉積分，我們可以由右圖一得知其圖形關係。

② 工程上的應用

　　在電磁學中，為求得電流附近所產生的磁場大小，就是利用旋度的數學觀念結合安培定律，而求出磁場強度 $\vec{H}$ 的大小，如右圖二所示。

旋度的幾何意義

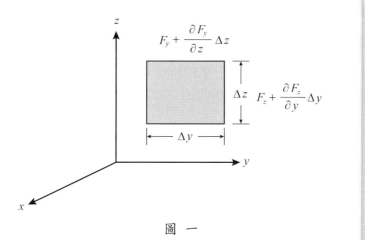

圖 一

安培右手定律

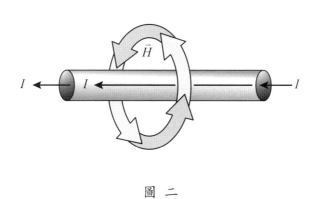

圖 二

Unit 3-8
廣義的向量公式

① 通用座標系統

此種方法在電磁學中稱為**計量係數法**。主要是先利用三個正交量 ($\vec{a}_1$, $\vec{a}_2$, $\vec{a}_3$) 之間的長度變化做轉換，右上表一為三種座標系統轉換後的結果。

② 三大度（梯、散、旋）通用公式

(1) 梯度

$$\nabla\phi = \left[\frac{1}{h_1}\frac{\partial\phi}{\partial\vec{a}_1}\vec{a}_1 + \frac{1}{h_2}\frac{\partial\phi}{\partial\vec{a}_2}\vec{a}_2 + \frac{1}{h_3}\frac{\partial\phi}{\partial\vec{a}_3}\vec{a}_3\right] \tag{1}$$

(2) 散度

$$\nabla\cdot\vec{V} = \frac{1}{h_1 h_2 h_3}\left[\frac{\partial}{\partial\vec{a}_1}(h_2 h_3\vec{V}_1) + \frac{\partial}{\partial\vec{a}_2}(h_1 h_3\vec{V}_2) + \frac{\partial}{\partial\vec{a}_3}(h_1 h_2\vec{V}_3)\right] \tag{2}$$

(3) 旋度

$$\nabla\times\vec{H} = \frac{1}{h_1 h_2 h_3}\begin{vmatrix} h_1\vec{a}_1 & h_2\vec{a}_2 & h_3\vec{a}_3 \\ \dfrac{\partial}{\partial a_1} & \dfrac{\partial}{\partial a_2} & \dfrac{\partial}{\partial a_3} \\ h_1 H_1 & h_2 H_2 & h_3 H_3 \end{vmatrix} \tag{3}$$

通用座標量	$\vec{a}_1$	$\vec{a}_2$	$\vec{a}_3$
直　　角	$\vec{a}_x$	$\vec{a}_y$	$\vec{a}_z$
圓　　柱	$\vec{a}_r$	$\vec{a}_\phi$	$\vec{a}_z$
圓　　球	$\vec{a}_R$	$\vec{a}_\theta$	$\vec{a}_\phi$
h_1,h_2,h_3	1	1	1
h_1,h_2,h_3	1	r	1
h_1,h_2,h_3	1	R	$R\sin\theta$

知識補充站

　　計量係數法主要是先利用三個正交量之間的長度變化做轉換。想一想，一隻章魚有八隻腳，如果第一隻腳收到訊號後，要傳遞給第七隻腳的話，則必須透過頭部傳遞，速度會變慢。

　　如果可以直接利用某些關係，直接將訊號從第一隻腳傳遞到第七隻腳。第一隻腳如同直角座標，而第七隻腳則可以看做是圓球座標，這種傳遞的關係在電磁學中就是計量係數法。

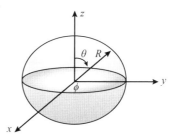

筆　記　欄

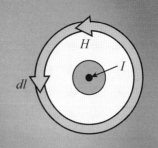

第 **4** 章

電　場

·· 章節體系架構 ▼

Unit **4-1**
庫侖定律基本概念

在說明庫侖定律前，先介紹幾個常用的名詞。

1. **電荷 (charge)**：這是物理量在質量、長度及時間之外的第四個基本量，我們用 Q 表示。在自然界中分成正電荷和負電荷兩種。以一個質子而言，所帶的電量為一個基本電荷的電量 (1.6×10^{-19} 庫侖)。

2. **靜電荷 (quas-charge)**：相對於觀察者而言，靜止而且和時間無關 (不隨時間變化) 的電荷稱為**靜電荷**。

3. **靜電場 (electrostatics)**：靜電荷所產生的電場，且和時間無關則稱為**靜電場**，亦可以稱為**庫侖場**。

4. **定律 (law)**：長期間觀察某一物理現象，然後寫出它的數學模式，稱為該物理現象的**定律**。

西元 1785 年，庫侖在做了多次實驗後，發現兩個帶有電荷 Q 的兩帶電體有著下面的關係存在：

1. 兩電荷間的作用力和距離 R 的平方成反比。

2. 兩電荷間的作用和兩帶電體之帶電量 Q_1 及 Q_2 的乘積成正比。

根據以上的說明，庫侖寫出了電學史上最重要的公式：

$$F = \frac{kQ_1Q_2}{R} \qquad (\text{牛頓：Nt}) \qquad (1)$$

(1) 式稱為**庫侖定律**，其中 k 的數值雖是和單位的使用有關，但以標準的 MKS 制單位而言， $k = \dfrac{1}{4\pi\varepsilon_0} = 9 \times 10^{-9} \left(\dfrac{Nt-m^2}{columb} \right)$ 。由於庫侖定律是由實驗所得到的，因此在使用上有一個很大的限制及必須注意的，那就是：

1. 兩電荷間之距離 R 要遠大於兩電荷本身的半徑 r ($R \geq r$)，所以在使用庫侖定律時，此點特別要注意。

2. 雖然是 $F = \dfrac{kQ_1Q_2}{R^2}(\text{Nt})$ ，但實際上為 $F = \dfrac{kQ_1Q_2}{R^{2\pm\delta}}(\text{Nt})$ ，而目前所得的

數值 $\delta < 2.7 \times 10^{-16}$，因此庫倫定律中兩電荷間的作用力和距離 R

的平方成反比是正確的。有時候為了方便計算，庫倫定律也可以用

向量的型式加以表示。

$$\vec{F}_{12} = \frac{Q_1Q_2}{4\pi\varepsilon_0 R_{12}^2}\,\vec{a}_{12} \text{ ，其中：} \quad \vec{a}_{12} = \frac{\vec{R}_{12}}{|\vec{R}_{12}|} = \frac{\vec{r}_2 - \vec{r}_1}{|\vec{r}_2 - \vec{r}_1|} \tag{2}$$

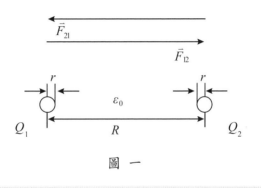

庫倫定律的示意圖

圖 一

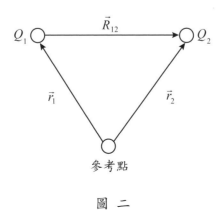

庫倫定律的向量表示法

圖 二

Unit **4-2**

電場的基本觀念

當庫倫定律得到後，由物理的觀點來看，空間中的一個靜止電荷會產生一個靜電場，那麼這個電場到底是多大呢？我們利用一個大膽的想法將庫倫定律引入，如果庫倫定律中的一個電荷被移走，而使用觀察者來代替，那麼剩下的不就是對觀察者影響的電荷嗎？此一影響不也就是靜電場嗎？由此可以很容易的得到電場強度 $\vec{E}$ 的大小為

$$\vec{E} = \frac{\vec{F}}{Q} = \frac{Q}{4\pi\varepsilon_0 R^2}\vec{a}_R \tag{1}$$

如果以向量型式表示則為

$$\vec{E} = \frac{Q}{4\pi\varepsilon_0 R^2}\frac{\vec{r}_2 - \vec{r}_1}{|\vec{r}_2 - \vec{r}_1|} \tag{2}$$

雖然可以由 (2) 式中得到電場強度的大小，但那只是單一電荷所形成的電場而已。如果有許多電荷同時存在時，電場該如何計算呢？以下我們分成兩種情形來討論。

小博士解說

在化學上可以將電解一當量 (an equivalent) 物質和電量加以連結，例如一莫耳 (mole) 水的當量為分子量大小，亦即電解 18 公克的水需要 96,500 庫倫的電量。

(1) 電荷在空間為**離散 (discrete)** 分佈：如果電荷在空間為離散分佈的，也就是東一個，西一個時。此時我們利用 (總和) 這個演算子 (operator)，將 1 到 n 個的電荷所形成的電場表示成

$$\bar{E} = \sum_{m=1}^{n} \frac{Q_m}{4\pi\varepsilon_0 R_m^2} \bar{a}_R \tag{3}$$

(2) 電荷在空間為**連續 (continuous)** 分佈：如果電荷和電荷之間的距離很小時，此時我們可以利用「$\int$」的形式來表示電荷和觀察者之間的電場強度大小

$$\bar{E} = \int \frac{\rho \, d\lambda}{4\pi\varepsilon_0 R^2} \bar{a}_R \tag{4}$$

其中：i. 當電荷分佈在線上時：$d\lambda$ 表示長度 dl。

ii. 當電荷分佈在物體表面時：$d\lambda$ 表示表面積長度 dS。

iii. 當電荷分佈在整個物體上時：$d\lambda$ 表示體績 dv。

 知識補充站

　　在目前最常用的液晶顯示器 (Liquid Crystal Display；LCD)，即為電場的一種應用，主要是 LCD 上排列的液晶分子，將電荷加到 LCD 的電極上，液晶分子將幾乎完全順著電荷所產生的電場方向而平行排列，利用液晶分子的排列會隨著電場大小而改變的原理，使得反射的灰度值產生改變。因此透過控制電壓大小，可以控制液晶分子排列的扭曲程度，達到不同的灰度值。

例題一 如圖一，求 B 點上的電場強度 $\vec{E}$ 的大小。

解：$\vec{E}_{QB} = \dfrac{Q_1}{4\pi\varepsilon_0 R^2}\dfrac{\vec{r}_2 - \vec{r}_1}{|\vec{r}_2 - \vec{r}_1|}$ ，代入 $\vec{r}_1 = (l,m,n)$，$\vec{r}_2 = (x,y,z)$。

得到

$$\vec{E}_{QB} = \frac{Q_1}{4\pi\varepsilon_0[(x-l)^2 + (y-m)^2 + (z-n)^2]} \times \frac{(x-l)\vec{a}_x + (y-m)\vec{a}_y + (z-n)\vec{a}_z}{\sqrt{(x-l)^2 + (y-m)^2 + (z-n)^2}}$$

$$= \frac{Q}{4\pi\varepsilon_0}\frac{(x-l)}{[(x-l)^2 + (y-m)^2 + (z-n)^2]^{3/2}}\vec{a}_x$$

$$+ \frac{Q}{4\pi\varepsilon_0}\frac{(y-m)}{[(x-l)^2 + (y-m)^2 + (z-n)^2]^{3/2}}\vec{a}_y$$

$$+ \frac{Q}{4\pi\varepsilon_0}\frac{(z-n)}{[(x-l)^2 + (y-m)^2 + (z-n)^2]^{3/2}}\vec{a}_z$$

空間中一點的電場強度大小

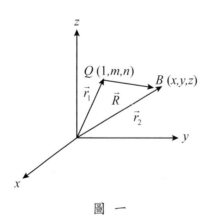

圖　一

例題二 如圖二，在無限長導線的電荷密度為 ρ，求線外一點的電場強度 $\vec{E}$ 的大小。

解：由 $dQ = \rho dl$ 及 $d\vec{E} = \dfrac{\rho dl}{4\pi\varepsilon_0 R^2}\vec{a}_R$ 中，代入 $|R| = \sqrt{r^2+(z-l)^2}$

得到 $d\vec{E} = \dfrac{\rho dl}{4\pi\varepsilon_0 R^2}\cdot\dfrac{\vec{a}_R}{|R|} = \dfrac{\rho dl}{4\pi\varepsilon_0[r^2+(z-l)^2]^x}\cdot\dfrac{r\vec{a}_r - (z-l)\vec{a}_z}{\sqrt{r^2+(z-l)^2}}$

化簡成 $d\vec{E} = \dfrac{\rho r\vec{a}_r - \rho(z-l)\vec{a}_z}{4\pi\varepsilon_0[r^2+(z-l)^2]^{3/2}}\,dl$ ，所以

$$\vec{E} = \int_a^b d\vec{E} = \int_a^b \dfrac{\rho r}{4\pi\varepsilon_0[r^2+(z-l)^2]^{3/2}}\vec{a}_r dl + \int_a^b \dfrac{-\rho(z-l)}{4\pi\varepsilon_0[r^2+(z-l)^2]^{3/2}}\vec{a}_z dl$$

$$= \dfrac{\rho}{4\pi\varepsilon_0 r}\left[\dfrac{b-z}{\sqrt{r^2+(b-z)^2}} - \dfrac{a-z}{\sqrt{r^2+(a-z)^2}}\right]\vec{a}_r$$

$$+ \dfrac{\rho}{4\pi\varepsilon_0 r}\left[\dfrac{1}{\sqrt{r^2+(b-z)^2}} - \dfrac{1}{\sqrt{r^2+(a-z)^2}}\right]\vec{a}_z$$

利用極限的觀念：

$$\lim_{\substack{a\to-\infty\\ b\to\infty}}\vec{E} = \dfrac{\rho}{4\pi\varepsilon_0 r}[1-(-1)]\vec{a}_r + \dfrac{\rho}{4\pi\varepsilon_0 r}[0-0]\vec{a}_z = \dfrac{\rho}{2\pi\varepsilon_0 r}\vec{a}_r$$

無限長導線線外一點的電場強度大小

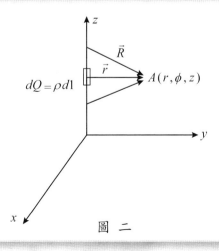

圖　二

Unit **4-3**
高斯定律的基本觀念

1. 基本名詞

① **電力線** (electric flux)

　　法拉第 (Faraday) 於 1837 年做了一個實驗，發現電荷之間會產生相互感應，而感應的電荷大小恰巧和原先的電荷相等。就好像在空間中有一股無形的力量將這些電荷向前推擠一般，而它所形成的前進路線我們可以用**線** (line) 表示，因此就稱之為**電力線**。我們如果以物理的觀點來看，電力線的作用除了用來感覺電場的存在外、它的多寡也可以表示電場的大小。

② **立體角** (solid angle Ω)

　　這是量度空間角度大小的單位，你可以將它想像是一個甜筒的形狀，而它所張開的角就是**立體角**，如右圖一所示，數學的表示方法為

$$d\Omega = \frac{dS_1}{R_1^2} = \frac{dS_2}{R_2^2} = \frac{dS_3}{R_3^2} \qquad (1)$$

我們以空間中的圓球為例，經由計算，它的立體角大小為 4π。

③ **電通量** (Φ_E)

　　電通量的定義是電場通過某一個表面上的垂直分量，如右圖二所示。

高斯定律的應用

立體角的圖示

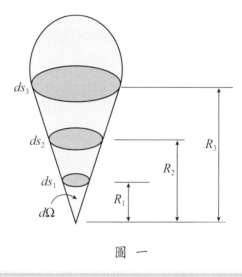

圖 一

電通量的圖示

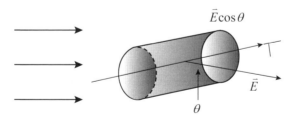

圖 二

2. 高斯定律 (Gauss' Law)

高斯長期觀察電的現象，因而推導出有名的**高斯定律**，它的內容是

> 通過某一封閉曲面上的總電力線數（電通量）和該封閉曲面內的總電荷數成正比。

如右圖三所示。

而數學的表示方式為

$$\oint \vec{E} \cdot dS = \frac{Q}{\varepsilon_0} \qquad (2)$$

如果電荷的分佈是連續而不規則，則 (2) 式可以改成為

$$\oint \vec{E} \cdot dS = \frac{1}{\varepsilon_0} \oint \rho \, dv \qquad (3)$$

由右圖三中可以知道，利用高斯定律求電場大小時，有一個很大的限制，那就是所分析的圖形要在**對稱的** (symmetric) 情形下才可以，因為對稱時做高斯曲面非常方便。

 小博士解說

在歷史上，高斯被認為是最重要的數學家，有數學王子之稱。1792 年，15 歲的高斯進入德國布倫瑞克 (Braunschweig) 學院，開始對高等數學作研究，獨立發現了二項式定理 (Binomial theorem) 的一般形式。

高斯定律的圖形

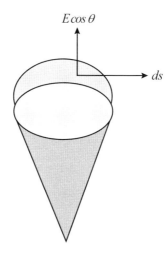

圖 三

 知識補充站

所謂的二項式定理是

$$(x+y)^n = \sum_{k=0}^{n} C_k^n x^{n-k} y^k \ ,$$

其中

$$C_k^n = \frac{n!}{k!(n-k)!} \ ,$$

而 C_k^n 稱為組合運算,可以用在計算樂透的中獎機率上。

Unit **4-4**
高斯散度定理

由之前所介紹的高斯定律中可以得到

$$\oint \vec{E} \cdot d\vec{S} = \frac{Q}{\varepsilon_0} = \frac{1}{\varepsilon_0} \oint \rho dv = \oint \frac{\rho}{\varepsilon_0} \, dv \qquad (1)$$

再由數學散度定理得知，向量 $\vec{A}$ 滿足

$$\oint \vec{A} \cdot d\vec{S} = \oint (\nabla \cdot \vec{A}) \, dv \qquad (2)$$

如果將電場強度 $\vec{E}$ 比成向量 $\vec{A}$ ，則 (2) 式可以改成

$$\oint \vec{E} \cdot d\vec{S} = \oint (\nabla \cdot \vec{E}) \, dv \qquad (3)$$

再利用高斯定律

$$\oint \vec{E} \cdot d\vec{S} = \oint (\nabla \cdot \vec{E}) \, dv = \oint \frac{\rho}{\varepsilon_0} \, dv \qquad (4)$$

化簡得到

$$\nabla \cdot \vec{E} = \frac{\rho}{\varepsilon_o} \qquad (5)$$

(5) 式就是電磁學上有名的**馬克斯威爾 (Maxwell) 四大方程式**中的第
一方程式。

例題一　如右圖，有電場大小為 $\vec{E} = x\bar{a}_x + y\bar{a}_y$ ，利用高斯散度
定理，求通過直角座標下，各邊邊長均為 1 的正立
方體六個表面的電力線大小。

解：由高斯散度公式，$\nabla \cdot \vec{E} = 1+1 = 2$ ，
　　所以

$$\int_0^1 \int_0^1 \int_0^1 (\nabla \cdot \vec{E}) = \int_0^1 \int_0^1 \int_0^1 2 \, dxdydz$$
$$= 2 \cdot 1 \cdot 1 \cdot 1 = 2$$

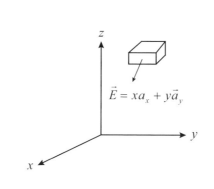

$$\vec{E} = xa_x + y\vec{a}_y$$

第四章

電

場

055

知識補充站

　　馬克士威爾 (Maxwell) 於 1831 年 6 月 13 日生於英國愛丁堡，1856 年以 25 歲之年紀擔任擔任阿伯丁郡的馬里查爾學院正教授，寫下舉世聞名的馬克士威爾四大方程式。於 1879 年 11 月 5 日年僅 48 歲時過世。

　　所謂的馬克士威爾方程式，一定要在巨觀 (macroscopic scale) 的情況下使用（大於等於 10^{-8} 公尺之下），此時，可以使用馬克士威爾方程式描述及計算電磁波的反射與折射行為。如果分析的尺度縮小至微觀 (microscopic scale) 時，譬如接近單獨原子大小時（半徑為 7×10^{-15} 公尺），此時會出現量子現象，使得方程式無效。

筆　記　欄

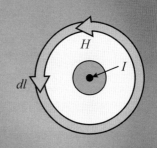

第 **5** 章

電　位

章節體系架構 ▼

Unit 5-1
電位的基本觀念

電位主要是由空間中的電荷所引起的，而電位的定義是

> 在空間中將一單位正電荷由參考點移到所要的點時，所做的功。

如同電場，我們由空間電荷分佈的情形可以分成離散和連續兩種情形來討論。

(1) 當電荷為離散分佈時

如下圖一，電荷為離散的，因此各個電荷對參考點的電位為

$$V = \frac{Q_1}{4\pi\varepsilon_0 R_1} + \frac{Q_2}{4\pi\varepsilon_0 R_2} + \frac{Q_3}{4\pi\varepsilon_0 R_3} + \cdots + \frac{Q_m}{4\pi\varepsilon_0 R_m} = \sum_{m=1}^{m} \frac{Q_m}{4\pi\varepsilon_0 R_m} \qquad (1)$$

(2) 當電荷為連續分佈時

$$V = \int \frac{\rho\, d\lambda}{4\pi\varepsilon_0 R} \qquad (2)$$

其中：i. 當電荷分佈在線上時：$d\lambda$ 表示長度 dl。

ii. 當電荷分佈在物體表面時：$d\lambda$ 表示表面積長度 dS。

iii. 當電荷分佈在整個物體上時：$d\lambda$ 表示體績 dv。

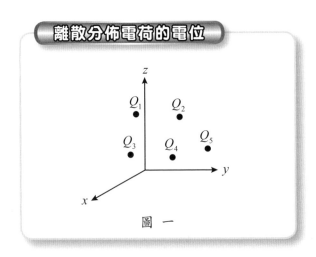

離散分佈電荷的電位

圖 一

圖解電磁學

例 題 如下圖二所示，二個大小不等性質相異的點電荷 Q 及 $-kQ$，此處 k 為一小於 1 之正數，求任意點 p 之電位，以及零電位之等位面方程式。

解：利用電位公式：$V = \dfrac{Q}{4\pi\varepsilon_0 R}$ ，所以

$$V_p = \frac{Q}{4\pi\varepsilon_0}\left(\frac{1}{\sqrt{x^2 + y^2 + z^2}} - \frac{k}{\sqrt{(x-a)^2 + y^2 + z^2}} \right) \qquad (3)$$

零電位代表 (3) 式等於零，因此

$$V_p = \frac{Q}{4\pi\varepsilon_0}\left(\frac{1}{\sqrt{x^2 + y^2 + z^2}} - \frac{k}{\sqrt{(x-a)^2 + y^2 + z^2}} \right) = 0，得到$$

$$\frac{1}{\sqrt{x^2 + y^2 + z^2}} = \frac{k}{\sqrt{(x-a)^2 + y^2 + z^2}} ，化簡成$$

$$k^2(x^2 + y^2 + z^2) = (x-a)^2 + y^2 + z^2 \qquad (4)$$

059

分佈電荷的電位

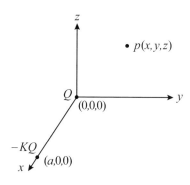

圖 二

Unit **5-2**
電位的應用-電位差

　　當電位被推導後，接下來我們討論電位差的意義，首先說明在兩點之間移動一個電荷所需要做的功 (W)，可以用下面的數學式表示

$$W = -\int_{begin}^{end} Q\vec{E} \cdot d\vec{l} \qquad (1)$$

其中負號代表反抗電場所做的功。如此一來，對單位電荷所做的功就可以寫成

$$V = \frac{W}{Q} = -\int_{begin}^{end} \vec{E} \cdot d\vec{l} \qquad (2)$$

(2) 式就是電位差的定義了。如果我們利用 (4) 的公式，將起點 (begin) 和終點 (end) 定為 B 點和 A 點，則兩點之間的電位就可以寫成

$$V_{AB} = -\int_{B}^{A} \vec{E} \cdot d\vec{l} = -(\int_{B}^{0} \vec{E} \cdot d\vec{l} + \int_{0}^{A} \vec{E} \cdot d\vec{l}$$
$$= -\int_{0}^{A} \vec{E} \cdot d\vec{l} - (-\int_{0}^{B} \vec{E} \cdot d\vec{l}) = V_A - V_B \qquad (3)$$

其中的 0 代表參考點，以物理及實際情形來說，參考點一般定為 ∞ 處，所以在 A 點的電位也可以寫成

$$V_A = -\int_{\infty}^{A} \vec{E} \cdot d\vec{l} \qquad (4)$$

　　再仔細觀察電位差的公式中，如果取 B 點為共同點，那麼只要從 A 點出發再回到 B 點，不管中間經過的情形怎樣，經由數學式子的計算：

$$V_{AA} = -\int_{A}^{A} \vec{E} \cdot d\vec{l} = 0 \qquad (5)$$

因此我們定義在電位差為 0 的地方稱為等位 (equivalent)。

　　我們利用電場和電位的關係，再由實際的圖形中也了解了它們之間的幾何關係。

例 題 如下圖二，在無限長導線的電荷密度為 ，求 r_1 和 r_2 之間的電位差。

解：由前面章節得知：$\bar{E} = \dfrac{\rho}{2\pi\varepsilon_0 r}\bar{a}_r$，再代入電位差公式中：

$$V_{AB} = -\int_B^A \bar{E} \cdot dl \quad ,$$

所以 $V_{12} = -\int_{r_2}^{r_1} \dfrac{\rho}{2\pi\varepsilon_0 r} dr = \dfrac{-\rho}{2\pi\varepsilon_0} \int_{r_2}^{r_1} \dfrac{1}{r} dr = \dfrac{\rho}{2\pi\varepsilon_0} \ln\dfrac{r_2}{r_1}$

A 點到 B 點的路徑（等位）

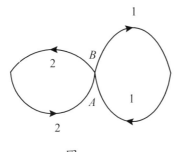

圖 一

r₁ 和 r₂ 之間的電位差

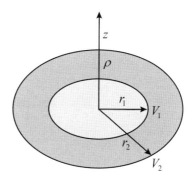

圖 二

Unit 5-3
電位的應用-電偶極

現在請各位回到前面梯度的章節中，你會發現到電場和電位的關係不就是梯度嗎？因此我們可以使用梯度表示電場和電位的關係為

$$\vec{E} = -\nabla V = -grad\ V \tag{1}$$

(1) 式表示電場強度為電位的負梯度，電場強度 $\vec{E}$ 的方向垂直於等位面，並由高電位處指向低電位處，如右圖一所示。

電偶極 (electric dipole)

所謂的**電偶極**是指兩個極性相反的電荷，它們的距離 (d) 和距觀察者的距離 (R) 相比較時 $R \gg d$。在求解此種題目時，如果使用傳統方法來做的話，是相當的繁雜的，因此建議先解出電位之數值後，再利用 (1) 式的方式求出電位梯度，即可以求得電場之數值，相當簡單。

例 題　如右圖二，求電偶極中 P 點的電場強度。

解：首先利用電位的公式得到

$$V = \frac{Q}{4\pi\varepsilon_0}(\frac{1}{R_1} - \frac{1}{R_2}) = \frac{Q}{4\pi\varepsilon_0}(\frac{R_2 - R_1}{R_1 R_2}) \tag{2}$$

由於是在自由空間中，因此使用圓球座標系統。現在只要將 (2) 式中的 $\dfrac{R_2 - R_1}{R_1 R_2}$ 轉換成圓球座標中的三個基本參數後，再取負電位梯度就可以得到電場強度了。由右圖二中可以得知 $R \gg d$，所以 R_1 及 R_2 可以當做是兩條平行線，在右圖二中使用三角函數的關係可以得到：

$$R_1 = R - \frac{d}{2}\cos\theta, \ \ R_2 = R + \frac{d}{2}\cos\theta, \ \ R_2 = R_1 + d\cos\theta \tag{3}$$

將 (3) 式代入 (2) 式中，可以得到

$$V = \frac{Q}{4\pi\varepsilon_0}\left(\frac{d\cos\theta}{(R - \frac{d}{2}\cos\theta)(R + \frac{d}{2}\cos\theta)}\right) \tag{4}$$

化簡 (4) 式為： $V = \dfrac{Q}{4\pi\varepsilon_0}\left(\dfrac{d\cos\theta}{R^2 - \dfrac{d^2}{4}\cos^2\theta}\right)$ 。由於 $R >> d$，分

母中的 $\dfrac{d^2}{4}\cos^2\theta$ 和 R^2 相比較可以忽略不計，因此電位的大小為：

$V = \dfrac{Qd\cos\theta}{4\pi\varepsilon_0 R^2}$ 。接著只要對此一數學式取負梯度，即可以得到電偶

極的電場強度。

$$\vec{E} = -\nabla V = -\left(\frac{1}{1}\frac{\partial V}{\partial R}\vec{a}_R + \frac{1}{R}\frac{\partial V}{\partial \theta}\vec{a}_\theta + \frac{1}{R\sin\theta}\frac{\partial V}{\partial \phi}\vec{a}_\phi\right)$$

$$\vec{E} = -\left[\frac{1}{1}\frac{Q}{4\pi\varepsilon_0}\frac{-2d\cos\theta}{R^3}\vec{a}_R + \frac{1}{R}\frac{Q}{4\pi\varepsilon_0}\frac{-d\sin\theta}{R^2}\vec{a}_\theta\right]$$

$$= \frac{2Qd\cos\theta}{4\pi\varepsilon_0 R^3}\vec{a}_R + \frac{Qd\sin\theta}{4\pi\varepsilon_0 R^3}\vec{a}_\theta = \frac{Qd}{4\pi\varepsilon_0 R^3}[2\cos\theta\,\vec{a}_R + \sin\theta\,\vec{a}_\theta]$$

063

電場和電位的幾何關係

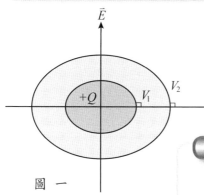

圖 一

電偶極的圖形

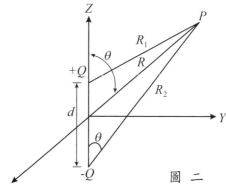

圖 二

Unit **5-4**
電位的應用-影像法

　　影像法將原本問題的某些元素改換為假想電荷，同時保證仍然滿足定解問題原有的邊界條件。例如，給予一個由一片無限平面導體和一個點電荷構成的系統，這無限平面導體可以被視為一片鏡子，在鏡子裡面的影像電荷與鏡子外面的點電荷，所形成的新系統，可以使得導體平面上的電場垂直於導體，與原本系統等價。藉著這方法，可以將問題簡化，很容易地計算出導體外的電場、電位、表面感應電荷密度及總感應電荷。

> **例 題**　如右圖，一片無限平面導體和一個點電荷構成的系統，求出電場之大小。
>
> **解**：在無限平面 x-y 導體上 $(z=0)$，在上方 $(0,0,a)$ 有一電荷 Q，利用影像法得到在下方 $(0,0,-a)$ 有一電荷 $-Q$。利用電位公式
>
> $$V(0,0,a) = \frac{Q}{4\pi\varepsilon_0}\left(\frac{1}{\sqrt{x^2+y^2+(z-a)^2}}\right) ,$$
>
> $$V(0,0,-a) = \frac{-Q}{4\pi\varepsilon_0}\left(\frac{1}{\sqrt{x^2+y^2+(z+a)^2}}\right)$$
>
> $$V(x,y,z) = V(0,0,a) + V(0,0,-a)$$
>
> $$= \frac{Q}{4\pi\varepsilon_0}\left(\frac{1}{\sqrt{x^2+y^2+(z-a)^2}}\right) - \frac{Q}{4\pi\varepsilon_0}\left(\frac{1}{\sqrt{x^2+y^2+(z+a)^2}}\right)$$
>
> 利用電位梯度之方式：$\bar{E} = -\nabla V = -grad\ V$，而且在 z 方向才有值存在，
>
> 因此

$$\vec{E} = -\nabla V = -(\frac{\partial V}{\partial x}\vec{a}_x + \frac{\partial V}{\partial y}\vec{a}_y + \frac{\partial V}{\partial z}\vec{a}_z) = -\frac{\partial V}{\partial z}\vec{a}_z$$

$$= -\frac{Q}{4\pi\varepsilon_0}\left(\frac{-1}{2}(x^2 + y^2 + (z+a)^2)^{\frac{-3}{2}} \times 2(z+a)\right)\vec{a}_z$$

$$+ \frac{Q}{4\pi\varepsilon_0}\left(\frac{-1}{2}(x^2 + y^2 + (z-a)^2)^{\frac{-3}{2}} \times 2(z-a)\right)\vec{a}_z$$

$$= \frac{Q}{4\pi\varepsilon_0}\left(\frac{z+a}{\sqrt[3]{(x^2 + y^2 + (z+a)^2)}}\right)\vec{a}_z - \frac{Q}{4\pi\varepsilon_0}\left(\frac{z-a}{\sqrt[3]{(x^2 + y^2 + (z-a)^2)}}\right)\vec{a}_z$$

在無限平面 x-y 導體上，代入 $z = 0$，得到

$$\vec{E} = \frac{Q}{4\pi\varepsilon_0}\left(\frac{a}{\sqrt[3]{(x^2 + y^2 + a^2)}}\right)\vec{a}_z - \frac{Q}{4\pi\varepsilon_0}\left(\frac{-a}{\sqrt[3]{(x^2 + y^2 + a^2)}}\right)\vec{a}_z$$

$$= \frac{Q}{2\pi\varepsilon_0}\left(\frac{a}{\sqrt[3]{(x^2 + y^2 + a^2)}}\right)\vec{a}_z$$

影像法中無限平面導體和一個點電荷構成的系統

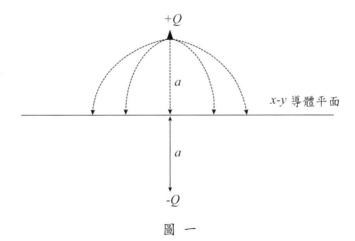

圖　一

Unit **5-5**
泊松方程式與拉普拉斯方程式-1

對於電位梯度的解法，有時候必須依據實際情況做分析，因此提出「以邊界值條件」去求解泊松 (Poission) 方程式與拉普拉斯 (Laplace) 方程式，以找出問題中的電位分佈函數，然後再根據 $\vec{E} = -\nabla V$ 求出電場。

由馬克斯威爾方程式 $\nabla \cdot \vec{E} = \dfrac{\rho}{\varepsilon_0}$ 之中，可以得到自由空間的泊松方程式為

$$\nabla^2 V = -\frac{\rho}{\varepsilon_0} \tag{1}$$

如果令 (1) 式右邊的體積自由電荷密度 $\rho = 0$，泊松方程就成為拉氏方程了。

$$\nabla^2 V = 0 \tag{2}$$

換言之，在自由空間 (即不考慮任何介電質時) 的靜電場中，當該處有電荷分佈時，則該點的電位 V 應滿足 (1) 式；反之，若該處沒有電荷，則其電位需滿足 (2) 式，顯然拉氏方程式不過是泊松方程的特例罷了。

經由 (2) 式中得知，直角座標系統中的拉普拉斯方程為

$$\frac{\partial^2 V}{\partial x^2} + \frac{\partial^2 V}{\partial y^2} + \frac{\partial^2 V}{\partial z^2} = 0 \tag{3}$$

而分離變數法是解偏微分方程時最常用的方法，基本精神在於將一個偏微分方程式，轉化為兩個或多個常微分方程來求解。

分離變數法 (method of separation of variables) 的基本概念如下所述。如果函數 $F(x, y, z)$ 的偏微分方程為

$$\frac{\partial F}{\partial x} + \frac{\partial F}{\partial y} + \frac{\partial F}{\partial z} = 0 \tag{4}$$

假設解答為 $F(x,y,z) = X(x)+Y(y)+Z(z)$，代入 (4) 式中，可以得到

$$\frac{dX}{dx} + \frac{dY}{dy} + \frac{dZ}{dz} = 0 \qquad (5)$$

(5) 式中的 $X(x)$ 只相依於 x，$Y(y)$ 只相依於 y，$Z(z)$ 只相依於 z，因此這三個函數的導數都分別必須等於常數，明確地說，我們將一個偏微分方程改變為三個很簡單的常微分方程。

$$\frac{dX}{dx} = c_1 \;,\; \frac{dY}{dy} = c_2 \;,\; \frac{dZ}{dz} = c_3 \qquad (6)$$

其中：C_1，C_2 及 C_3 都是常數。
因此，偏微分方程的答案為

$$F(x, y, z) = c_1 x + c_2 y + c_3 z + c_4 \qquad (7)$$

其中：C_4 亦為常數。

知識補充站

　　對偏微分方程的解法而言，分離變數法是目前最常用的方式。主要的概念是假設所要解的所有變數均為獨立的（independent）。

　　利用代數的方式，將方程式重新的加以整理，使得方程式的所有變數各自只相依於一個變數。藉由此一方法，可以將 N 個變數的偏微分方程，分解成 N 個常微分方程的代數組合，如此一來只要解 N 個常微分方程後，再相乘即為原先偏微分方程的解答。

Unit 5-6
泊松方程式與拉普拉斯方程式-2

如果 $V(x, y, z)=V(x)$，亦即電位 V 與變量 y 和 z 均無關，可以得到一維拉氏方程

$$\frac{d^2V(x)}{dx^2} = 0 \tag{1}$$

將上式積分兩次後，得到其**通解** (general solution) 為

$$V(x)=Ax+B \tag{2}$$

(2) 式中之 A 與 B，均為待定之常數；而用來解此兩常數的條件，就是所謂的**邊界條件** (boundary condition: B.C.)，如果 $V(x, y, z)=V(y)$ 或 $V(x, y, z)=V(z)$，亦會有類似於上式的結果。

例　題　如右圖，兩塊無限大的平行導體板，相距為 d，如果下板之電位為零，而上板之電位為 V_0，試求兩板間之電位 V 與電場 $\vec{E}$ 的分佈。

解：因兩板之間無電荷存在，並且電位 V 僅只與變數 x 有關而已，因此方程式的通解為正 $V(x)=Ax+B$。上式中有兩個未知數 A 與 B，而題目中也給了兩個邊界條件，$V(0)=0=0+B$，$\therefore B=0$ 以及 $V(x_0)=V_0=Ax_0$。$\therefore A=\dfrac{V_0}{x_0}$，將上述的 A 與 B 值代入 $V(x)$ 之中，所以兩板間的電位分佈為 $V(x)=\dfrac{V_0}{x_0}x$　，兩板間之電場，顯然為一均勻電場，亦即

$$\vec{E} = -\nabla V = \frac{-\partial V(x)}{\partial x}(\vec{a}_x) = \frac{-V_0}{x_0}(\vec{a}_x)$$

上式中負號表示電場方向向下,而大小為一定值。

兩塊無限大的平行導體板間之電位與電場分佈

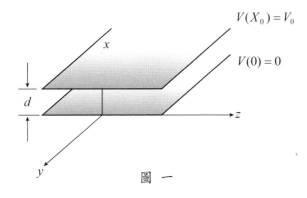

$V(X_0) = V_0$

$V(0) = 0$

圖 一

 知識補充站

　　在電磁學的偏微分方程題目中,雖然是有三個變數,不過對存在三度空間的人類而言,都會假定其中一個變數為常數。因此所解的題目只有兩個變數的偏微分方程,如此一來就方便的多了。

　　在求解的過程中,最後一定要用到傅立葉(Fourier)級數方法,因此一般來說,解一個兩個變數的偏微分方程,最少需要二十分鐘的時間。

泊松方程式與拉普拉斯方程式-3

如果電位與兩個變數 (例如 x 與 y) 有關,則顯然可以得到二維拉氏方程

$$\frac{\partial^2 V(x,y)}{\partial x^2} + \frac{\partial^2 V(x,y)}{\partial y^2} = 0 \tag{1}$$

根據分離變數法的法則,現在使用假設法將 $V(x, y)$ 中的兩變數 x 與 y 分離開來,於是可以假設

$$V(x,y) = X(x)Y(y) \equiv XY \tag{2}$$

換言之,將一個同時含兩變數的函數 $V(x, y)$,寫成兩個各自只含一變數的函數 $X(x)$ 與 $Y(y)$ 之乘積。將 (2) 式代入 (1) 式之中,然後在兩邊同時除以 XY,並且移項,即可以得到

$$\frac{1}{X}\frac{d^2 X}{dx^2} = -\frac{1}{Y}\frac{d^2 Y}{dy^2} \tag{3}$$

從 (3) 式中可以得知,左邊純粹為 x 的函數,而右邊則純粹為 y 的函數,因此 $V(x, y)$ 中的兩個變數 x 與 y 就這樣被分離開來了。由於 (3) 式的兩邊各自為獨立變數 (x 與 y 的函數),所以等號要成立的話,只有在彼此均等於某一常數的情形下才有可能,因此假設此一常數為 k^2 (平方的目的是為了計算方便),亦即

$$\frac{1}{X}\frac{d^2 X}{dx^2} = -\frac{1}{Y}\frac{d^2 Y}{dy^2} = k^2 \tag{4}$$

則可以得到下述的聯立方程組

$$\frac{d^2 X}{dx^2} - k^2 X = 0 \ , \ \frac{d^2 Y}{dy^2} + k^2 Y = 0 \tag{5}$$

解出上述兩式的通解,分別為

$$X(x) = A_1 e^{kx} + A_2 e^{-kx} \tag{6}$$

$$Y(y) = B_1 \cos(ky) + B_2 \sin(ky) \qquad\qquad (7)$$

在(6)式及(7)式中，包括 k 在內，所有的待定常數 A_1、A_2、B_1 與 B_2 等，均可以由邊界條件加以決定。

例 題 如下圖，有兩塊相互平行的無限大半平面導體板，電位均為零，二者相距為 π。在 xy 平面上，介於 $y>0$ 與 $y<\pi$ 之間，有一塊電位保持為定值 V_0 的無限條板。注意此長條板在 $y=0$ 與 $y=\pi$ 處是與另兩導板相互絕緣。請利用分離變數法，求此三板所圍區域中的電位分佈函數 $V(x, y, z)$。

解：根據圖的情形，可以知得電位分佈與 z 無關，亦即 $V(x, y, z)=V(x, y)$。由題意寫出相關的邊界條件為：

$V(x,0)=0$，$V(x,\pi)=0$ 及 $V(0,y)=V_0$。

並經由分離變數法的公式中，得到通解為

$$V(x, y) = X(x)Y(y) = (A_1 e^{kx} + A_2 e^{-kx})[B_1 \cos(ky) + B_2 \sin(ky)]$$

三板所圍區域中的電位分佈函數

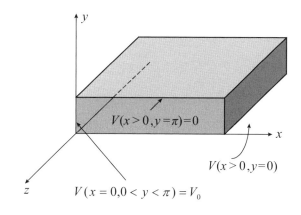

$V(x>0, y=\pi)=0$

$V(x>0, y=0)$

$V(x=0, 0<y<\pi)=V_0$

雖然上面有五個待定常數(k、A_1、A_2、B_1 與 B_2)，而邊界條件只有三個，但是考慮到當 $x \to \infty$ 時，$V(x,y)$ 必須為有限值，我們馬上可知 A_1 必須為零，上式於是可以被改寫為

$$V(x,y) = e^{-ky}[C_1 \cos(ky) + C_2 \sin(ky)]$$

其中 $A_2 B_1 = C_1$，$A_2 B_2 = C_2$。

再代入各個邊界條件：$0 = V(x,0) \Rightarrow C_1 = 0$，利用 $C_1 = 0$ 可以得到

$$0 = V(x,\pi) = C_2 e^{kx}\sin(k\pi) \Rightarrow k = n \text{ （整數）}$$

綜合上述結果，此時解可以寫成：$V(x,y) = C_n e^{nx}\sin(ny)$，其中 n 為整數上式中我們將 C_2 改寫成 C_n，表示此一常數與整數 n 有關。

現在利用最後一個邊界條件，並根據傅立葉分析 (Fourier analysis) 求待定常數 C_n。將 $V(x, y)$ 做傅立葉級數 (Fourier series) 展開，利用 $V(0, y)$，則得到

$$V(0, y) = \sum_{n=1}^{\infty} V_n(0, y) = \sum_{n=1}^{\infty} C_n \sin(ny) = V_0$$

此時利用半幅展開 (half expansion) 的公式，可以求得 C_n 為

$$C_n = \frac{2}{\pi} \int_0^{\pi} V_0 \sin(ny)dy = \begin{cases} \dfrac{4V_0}{n\pi} \ (n = \text{奇數}) \\ \\ 0 \ (n = \text{奇數}) \end{cases}$$

因此綜合所得之方程式，最後結果是

$$V(x, y) = \sum_{n=1}^{\infty} V_n(x, y) = \sum_{n=1}^{\infty} C_n e^{-nx} \sin(ny) = \frac{4V_0}{\pi} \sum_{n=1,3,5,\cdots}^{\infty} e^{-nx} \frac{\sin(ny)}{n}$$

圖解電磁學

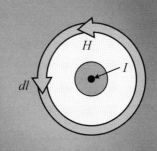

第 **6** 章

介 電 質

Unit **6-1**
介電質中的靜電場

　　在前面的章節中所討論的環境是在真空中，如果現在改變了環境，不在真空中的話，所有的相關公式會有怎樣的變化呢？

① 電力線密度(electric flux density)

　　參考了前面所介紹的電力線後，介紹一個新的單位**電力線密度**，它的定義是：**單位面積所通過得電力線數目**。經由法拉第的推導可以得到在真空中的電力線密度為

$$\vec{D} = \varepsilon_0 \vec{E} \qquad (1)$$

所以 (1) 式可以改成

$$\nabla \cdot \vec{D} = \rho \qquad (2)$$

② 介電質和極化向量

　　介電質可以說是絕緣質，它的內部電子在正常情形下是很難脫離物質而自由活動的，但是一旦放在某一數值大小的電場當中，則會很容易被極化而形成具有正負兩端極性的物質。當介電質產生極化現象後，會跟著產生一個向量，我們稱此一向量為「極化向量」，並且用 $\vec{P}$ 加以表示。極化向量和極化時電荷的密度 ρ_b 之間的關係為

$$\nabla \cdot \vec{P} = \rho_b \qquad (3)$$

③ $\vec{D}$、$\vec{P}$ 和 $\vec{E}$ 的關係

　　經由右圖 (2) 式和 (3) 式的計算及分析中得知，含有介電質的電場公式為

$$\nabla \cdot \varepsilon_0 \vec{E} = \rho + \rho_b \qquad (4)$$

重新整理可以得到

$$\nabla \cdot \varepsilon_0 \vec{E} + \nabla \cdot \vec{P} = \nabla \cdot (\varepsilon_0 \vec{E} + \vec{P}) = \rho \qquad (5)$$

我們將 (2) 式和 (5) 式做一比較,發現在含有介電質的空間中,電力線的公式中只是多了極化向量 $\vec{P}$ 而已,因此只要將極化向量巧妙的化簡就可以了。由於極化向量和電場大小有相當大的關聯性,因此可以重新寫成

$$\vec{P} = k\vec{E} = \chi_e \varepsilon_0 \vec{E} \qquad (6)$$

其中 χ_e 稱為**電極化係數** (susceptibility),為大於零的數值,數值大小和材料的種類有關。

我們再重新整理 (5) 式,可以得到

$$\nabla \cdot (\varepsilon_0 \vec{E} + \vec{P}) = \nabla \cdot (\varepsilon_0 \vec{E} + \chi_e \varepsilon_0 \vec{E}) = \nabla \cdot \varepsilon_0 (\vec{E} + \chi_e \vec{E}) = \nabla \cdot \varepsilon_0 (1 + \chi_e) \vec{E}$$
$$= \nabla \cdot \varepsilon_0 \varepsilon_R \vec{E} = \nabla \cdot \varepsilon \vec{E} = \nabla \cdot \vec{D} = \rho \qquad (7)$$

其中 $1 + \chi_e = \varepsilon_R$ 稱為相對介電係數。

由以上的數學式當中,可以知道在含有介電質的空間中,求解電場強度的公式只要將真空中的介電係數 ε_0 改成 $\varepsilon_0 \varepsilon_R$,再變成 ε 就可以了。

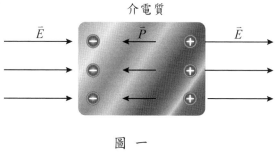

極化向量 $\vec{P}$ 和極化電荷密度 ρ_b 的關係圖

介電質

圖 一

Unit 6-2
靜電場的界面條件

所謂的界面條件是指兩種不同介電質材料相鄰時,電場通過該邊界時,在邊界處之電場強度 $\vec{E}$ 會產生何種的變化及變化的關係為何?

1. 電場垂直通過介質界面時

由右圖一中,利用簡單的高斯定律可以得到電流密度的關係為

$$\vec{D}_{1n} = \vec{D}_{2n} \Rightarrow \varepsilon_1 \vec{E}_{1n} = \varepsilon_2 \vec{E}_{2n} \tag{1}$$

化簡成

$$\frac{\vec{E}_{1n}}{\vec{E}_{2n}} = \frac{\varepsilon_2}{\varepsilon_1} \tag{2}$$

2. 電場平行介質界面時

由右圖二中,同樣的也是利用簡單的積分定理可以得到

$$\vec{E}_{1t} = \vec{E}_{2t} \tag{3}$$

3. 電場具某一角度通過介質界面時

同樣的由右圖三中,利用 (1) 式、(2) 及三角函數的關係,分成兩個部份來討論。

(1) 垂直部分:由垂直分量的關係,可以得到

$$\frac{\vec{E}_{1n}}{\vec{E}_{2n}} = \frac{\varepsilon_2}{\varepsilon_1} = \frac{\vec{E}_1 \cos \alpha_1}{\vec{E}_2 \cos \alpha_2} \tag{4}$$

化簡成

$$\varepsilon_1 \vec{E}_1 \cos \alpha_1 = \varepsilon_2 \vec{E}_2 \cos \alpha_2 \tag{5}$$

(2) 水平部分:由水平分量的關係,可以得到

$$\vec{E}_{1t} = \vec{E}_{2t} \Rightarrow \vec{E}_1 \sin \alpha_1 = \vec{E}_2 \sin \alpha_2 \tag{6}$$

將水平分量除上垂直分量,則可以得到

$$\frac{\vec{E}_1 \sin \alpha_1}{\varepsilon_1 \vec{E}_1 \cos \alpha_1} = \frac{\vec{E}_2 \sin \alpha_2}{\varepsilon_2 \vec{E}_2 \cos \alpha_2} \Rightarrow \frac{\tan \alpha_1}{\tan \alpha_2} = \frac{\varepsilon_1}{\varepsilon_2} \tag{7}$$

電場垂直通過介質界面

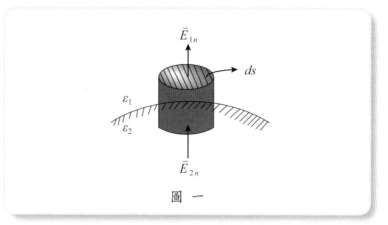

圖　一

電場平行介質界面

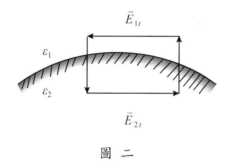

圖　二

電場具某一角度通過介質界面

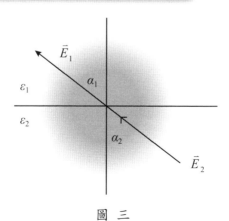

圖　三

筆 記 欄

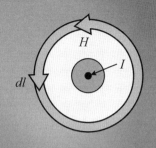

第 7 章

電容、電流與電阻

章節體系架構 ▼

Unit **7-1**
電容的基本觀念

當電場強度的數值大小求出後，接著便求出電位，再利用電位的大小，我們可以進而求出電容器的電容數值，它的步驟是：$Q \Rightarrow \vec{E} \Rightarrow V \Rightarrow C$。

1. 電容的定義

所謂的電容，廣義的說就是：**一個帶電系統，它所帶的電荷量** Q，**和它的電位** V **數值之間的比值關係**。數學模式為

$$C = \frac{Q}{V} \quad (\text{F：法拉}) \tag{1}$$

一般在電子上所使用的電容器，電容值在 10^{-6} 法拉級 (μF)，而電力系統上使用的電容器，電容器值在 10^{-3} 法拉級 (mF) 左右。

2. 電容在工程上的應用

電容在工程上的應用是非常重要及非常的廣汎，除了可以當成系統的元件外，在電的系統內也會產生所謂的**電容效應**。根據數學的分析，電容相當於一個**儲存** (storage) 裝置，因此會使系統產生**延遲** (delay) 的現象，這點請讀者在做系統設計時應特別注意。

以系統而言，電容器在工程上的應用可以分成兩大類

> (1) 弱電系統 (電子及通訊等等)：在弱電系統系統的使用上，重要的有下面幾項：
>
> a. 通訊用的振盪器，振盪頻率為 $f = \dfrac{1}{2\pi\sqrt{LC}}$。
>
> b. 電晶體放大電路及開關電路上加裝小電容：防止直流成份所產生的偏銷現象。
>
> c. 當做電源電路中的濾波 (filter) 及平滑 (smoothing) 元件使用。

(2) 強電系統 (電力系統及電機機械

　　主要是在將電感性元件中的落後 (lagging) 現象做補償 (compensation)，以提高功率因數 (power factor)。

電容的定義

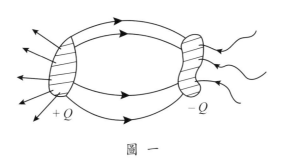

$+Q$　$-Q$

圖　一

知識補充站

　　在電路學裡，電容是「互電容」(mutual capacitance) 的簡稱，亦即兩個鄰近導體之間的電容。另外還有一種在電路學內稱為「自電容」(self-capacitance)，亦即單獨導體的電位每增加1V所需的電荷量。

　　假設此一電位等於零的參考點為一個理論上的球殼導體，半徑為無窮遠，球心與單獨導體同位置，此時在單獨導體半徑為 R 的球形導體的表面電勢為：

$V = \dfrac{Q}{4\pi\varepsilon_0 R}$，根據定義，自電容的大小 $C = \dfrac{Q}{V} = 4\pi\varepsilon_0 R$，因此

$C = \dfrac{Q}{V} = \dfrac{4\pi\varepsilon}{\left(\dfrac{1}{R} - \dfrac{1}{b}\right)}$，如果 $b \to \infty$，則 $C \doteqdot \dfrac{4\pi\varepsilon}{\dfrac{1}{R}} = 4\pi\varepsilon_0 R(F)$。

Unit **7-2**
恒定電流的基本觀念

　　所謂的**恒定電流** (steady current) 就是指不隨時間變化的電流，也就是在電機領域上所俗稱的直流電 (direct current: DC)。

> 　　如果在一個導體迴路中，有恒定電流存在的話，那麼也必然存在一個不隨時間而變化的電場，此一電場在電磁學上即稱為**恒定電流下的電場**。

　　有了恒定電流下的電場此一觀念，我們就可以利用此一電場之數值推導出直流電路中的一些基本理論。

　　電流，顧名思義就是指電荷的流動，在物理學上，我們定義電流的方向是正電荷所流動的方向，此一方向恰巧和電場的方向由正至負是相同的，而強弱則是使用電流強度的大小表示。

　　而電流強度的定義是**單位時間內通過單位面積之電荷數**，數學式為

$$I = \frac{\Delta Q}{\Delta t} \tag{1}$$

當 $\Delta t \to 0$ 則

$$I = \frac{dQ}{dt} \quad (\text{Ampere：安培}) \tag{2}$$

如果電流是直流電 (DC) 的話，那麼 (1) 式就可以簡化成

$$I = \frac{Q}{t} \quad (\text{安培}) \tag{3}$$

　　對於在一般的直流電路而言，(2) 式及 (3) 式已經是夠用了，但是在做實際的電路分析時，有時候要參考物體內部各點的電流，並且物體本身並不是很規則的形狀下，就必須引入一個新的物理量：**電流密度** ($\vec{J}$)。它和電荷密度 (ρ) 在電場中的地位是相同的，不特別指明時均為一常數。

電流密度的定義是：**垂直通過導體某一截面的電流量。**

$$\bar{J} = \frac{\Delta I}{\Delta S} \qquad (4)$$

當 $\Delta S \to 0$ 則

$$\bar{J} = \frac{d\bar{I}}{dS} \quad \left(\frac{安培}{米^2} \right) \qquad (5)$$

經由 (5) 式，以積分的型式表示的電流的大小為

$$\bar{I} = \int \bar{J} \cdot d\bar{S} \qquad (6)$$

 知識補充站

　　在測量電路上的電流時，一般是使用安培表直接測量電流，但缺點是必須切斷電路，將安培表與電路串聯。因此發展夾式電表，利用安培定律的方式，間接測量電流四周的磁場，而測量出電流強度，主要的優點不需要切斷電路。

　　目前實際在使用的有霍爾效應 (Hell effect) 感測器、夾式電表 (current clamp)、比流器 (current transformer) 及 Rogowski coil 等儀器。此外，一個 60kg 體重的成年人，只要心臟通過 50 毫安 (50mA) 的電流，就會造成心搏停止 (cardiac arrest)，請特別小心注意。

Unit **7-3**
廣義的電流定律

① 廣義的歐姆定律

在一般的物理課本上，歐姆定律定義是這樣的

> 當導體 (conductor) 在溫度一定的環境下，通過某一段長度之電流大小和該段兩端所產生的電壓成正比。

如果將上述的文字寫成數學式就是

$$V = RI \Rightarrow R = \frac{V}{I} \tag{1}$$

其中：R 稱為該導體的電阻 (resistance)，單位為歐姆 (Ω)。
此外電阻的大小亦可以使用本質公式得到

$$R = \frac{1}{\sigma} \frac{l}{S} \tag{2}$$

其中

> i. σ 稱為電導係數 (conductivity)，和物質的材料本身有關。
> ii. l 表示長度
> iii. S 代表該導體的截面積。

如果我們將歐姆定律推廣到一般化時，就必須考慮用電場的關係來表示，這就是電磁學的重點。我們利用電位和電場的關係及電流和電位的關係，經由下列幾個數學式的推導可以得到

> i. 歐姆定律：$V = RI$，取微量變化，則 $\Delta I = \dfrac{\Delta V}{R}$
>
> ii. 電位和電場的關係：$V = -\displaystyle\int \vec{E} \cdot d\vec{l}$，取微量變化，
>   則 $\Delta V = E \Delta l$
>
> iii. 電阻的本質公式：$R = \dfrac{1}{\sigma} \dfrac{l}{S}$，取微量變化，則 $R = \dfrac{1}{\sigma} \dfrac{\Delta l}{\Delta S}$
>
>   電流和電位密度的關係：$\vec{I} = \displaystyle\int \vec{J} \cdot d\vec{S}$，取微量變化則 $\Delta I = J \Delta S$

整合以上四個方程式，可以得到

$$\Delta I = J\Delta S = \frac{\Delta V}{R} = \frac{E\Delta l}{\frac{1}{\sigma}\frac{\Delta l}{\Delta S}} \tag{3}$$

再化簡 (3) 式，並以向量的型式表示為

$$\vec{J} = \sigma\vec{E} \tag{4}$$

代入各個參數和電場的關係

$$R = \frac{V}{I} = \frac{-\int \vec{E} \cdot d\vec{l}}{\int \vec{J} \cdot d\vec{S}} = \frac{-\int \vec{E} \cdot d\vec{l}}{\int \sigma\vec{E} \cdot d\vec{S}} \tag{5}$$

② 焦耳定律

有了歐姆定律後，緊接著我們推導電流流動時所做的功。當某一長度導體的兩端電壓為 V，而此一導體電有電荷量為 Q 的電荷通過時，所做功的大小是

$$P = IV = \int \vec{J} \cdot d\vec{S} \int \vec{E} \cdot d\vec{l} = \int \vec{J} \cdot \vec{E}dv \tag{6}$$

化簡成單位體積下的微分型式

$$P_{unit} = \vec{J} \cdot \vec{E} = \sigma\vec{E} \cdot \vec{E} = \sigma E^2 \tag{7}$$

 知識補充站

　　在實際的電路解析中，並不是每一種元件都會遵守歐姆定律，因為歐姆定律是經過多次實驗而得到的法則，只有在理想的狀況下，此一定律才會成立，因此只要是遵守歐姆定律的元件或電路都稱為「歐姆元件」或「歐姆電路」，電阻大小與電流及電壓無關。此外，電阻的數值不見得均為正值，目前已經可以利用運算放大器 (operation amplifier) 做出在電路解析時，電阻為負值的電路 ($\frac{V}{I} < 0$，但是實際上仍為正值)。

Unit **7-4**

恒定電流下電場的界面條件

1. 電流場垂直通過介質界面時

由右圖一中，利用公式可以得到

$$\int \vec{J} \cdot d\vec{S} = \vec{J}_{1n} S - \vec{J}_{2n} S = 0 \tag{1}$$

化簡為

$$\vec{J}_{1n} S - \vec{J}_{2n} S = (\vec{J}_{1n} - \vec{J}_{2n}) S = 0 \quad 亦即 \quad \vec{J}_{1n} = \vec{J}_{2n} \tag{2}$$

2. 電流場平行介質界面時

由右圖二中，同樣的也是利用簡單的積分定理及觀念可以得到

$$\vec{E}_{1t} = \vec{E}_{2t} \tag{3}$$

利用 $\vec{J} = \sigma \vec{E} \Rightarrow \vec{E} = \dfrac{\vec{J}}{\sigma}$ ，因此

$$\frac{\vec{J}_{1t}}{\sigma_1} = \frac{\vec{J}_{2t}}{\sigma_2} \Rightarrow \frac{\vec{J}_{1t}}{\vec{J}_{2t}} = \frac{\sigma_1}{\sigma_2} \tag{4}$$

3. 電流場具某一角度通過介質界面時

同樣的由右圖三中，利用 (2) 式、(4) 式及三角函數的關係，分成兩個部分來討論。

(1) 水平部分：由水平分量的關係，可以得到：$\dfrac{\vec{J}_{1t}}{\vec{J}_{2t}} = \dfrac{\sigma_1}{\sigma_2} = \dfrac{\vec{J}_1 \sin\alpha_1}{\vec{J}_2 \sin\alpha_2}$

化簡成

$$\sigma_2 \vec{J}_1 \sin\alpha_1 = \sigma_1 \vec{J}_2 \sin\alpha_2 \tag{5}$$

(2) 垂直部分：由垂直分量的關係，可以得到

$$\vec{J}_{1n} = \vec{J}_{2n} \Rightarrow \vec{J}_1 \cos\alpha_1 = \vec{J}_2 \cos\alpha_2 \tag{6}$$

將水平分量 (5) 式除以垂直分量 (6) 式，可以得到

$$\frac{\sigma_2 \vec{J}_1 \sin\alpha_1}{\vec{J}_1 \cos\alpha_1} = \frac{\sigma_1 \vec{J}_2 \sin\alpha_2}{\vec{J}_2 \cos\alpha_2} \Rightarrow \sigma_2 \tan\alpha_1 = \sigma_1 \tan\alpha_2 \Rightarrow \frac{\tan\alpha_1}{\tan\alpha_2} = \frac{\sigma_1}{\sigma_2} \tag{7}$$

垂直通過介質界面時

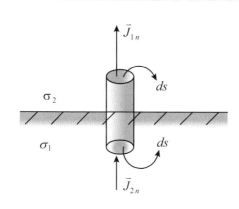

圖 一

平行介質界面時

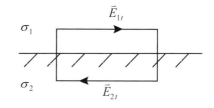

圖 二

087

具某一角度通過介質界面時

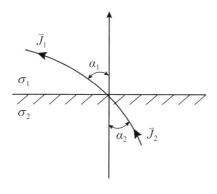

圖 三

Unit **7-5**
絕緣電阻與接地電阻

① 絕緣電阻

　　一般在工程上，金屬的電極之間，例如同軸電纜導線或兩平行導線之間，都會充填著不導電的材料以做絕緣之用，雖然這些材料的電導係數 (σ) 的大小和金屬的電導係數相比較是微不足道的，但總不會是 0。因此只要有微小的電流一通過，就會產生電壓降而導致功率損失，這種損失我們稱為**漏 (leakage) 電導**，而漏電導的倒數則稱為**漏電阻**，也就是大家在電機領域上所熟知的**絕緣電阻**。

　　而絕緣電阻的測試是檢驗電氣設備的絕緣性能的正規方式，同時也是高壓絕緣試驗的預備試驗，和耐壓測試相似。主要是利用**絕緣電阻** (又稱**高阻計**)，將 1,000 V 的直流電壓施加到需要測試的兩點，以直流電動機為例，即為轉子與定子。

　　測試的結果通常是以 $10^{12}\,\Omega$ 單位。在實驗室中典型絕緣電阻測試電壓 500 V 的直流電壓，此時絕緣電阻的值不得低於 $5\times10^{12}\,\Omega$。

② 接地電阻

　　在電力系統中，所有的設備都必須有良好的接地 (根據電工法規，接地電阻必須小於 10Ω)，因此接地電阻的測量就顯得很重要了。而所謂的接地電阻定義是電流在大地流動中所遇到的電阻。

絕緣電阻計的外觀圖

圖 一

接地電阻計的外觀圖

圖 二

筆　記　欄

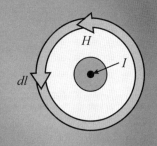

第 **8** 章

穩定的磁場

章節體系架構 ▼

Unit 8-1
磁場基本觀念

① 前言

常用的三種計算磁場大小的方法及相關例題，如下所示

(1) 比爾沙華定律 (Biot-Savart's law)：1774 年 ~1862 年，法國人。

(2) 安培定律 (Ampere's law)，1800 年 ~1864 年，法國人。

(3) 磁位梯度 (Magnetically gradient) 與磁通 (flux)。

② 名詞介紹

(1) 磁荷 (magnetic charge)：這是為了和電荷做比較而提出的一個物理量，我們用 Q_m 表示，在自然界中有 N 及 S 兩種磁荷，但都是成對出現的，使用的單位則為韋伯 (Weber)。

(2) 靜磁場：相對於觀察者而言，靜止而且和時間無關 (不隨時間變化)，由磁荷所產生的磁場。

③ 磁場的庫倫定律

　　西元 1819 年，奧斯特 (Oersted，丹麥人) 在做了多次實驗後，發現電流附近的磁針會隨著電流的變化而旋轉，同時也發現電流和磁場的關係也會滿足庫倫定律，因此利用庫倫定律的型式寫出磁荷之間的庫倫定律為：

(1) 兩磁荷間的作用力和距離 的平方成反比。

(2) 兩磁荷間的作用力和兩帶磁荷的之韋伯量 Q_{m1} 及 Q_{m2} 的乘積成正比。

根據以上的說明，奧斯特寫出了磁學史上最重要的公式

$$F \propto \frac{1}{R^2} \ , \ F \propto Q_{m1} \times Q_{m2} \qquad (1)$$

化成等式即為

$$F = \frac{kQ_{m1}Q_{m2}}{R^2} \quad （牛頓：Nt） \qquad (2)$$

(2) 式稱為**磁場的庫倫定律**，其中 k 的數值雖是和單位的使用有關，

但以標準的 MKS 單位而言，k 的大小為 $k = \frac{\mu_0}{4\pi}(\frac{韋伯}{安培 - 米})$ ，

（μ_0 為真空中的導磁係數，大小為 $4\pi \times 10^{-7}$）。

知識補充站

　　在庫倫寫出電學史上最重要的公式 $F = \frac{kQ_1Q_2}{R}$ 之後，

利用其中的一個電荷被移走，而使用觀察者來代替，由

此得到電場強度 $\vec{E}$ 的大小為 $\vec{E} = \frac{\vec{F}}{Q} = \frac{Q}{4\pi\varepsilon_0 R^2}$ 。同樣的，

奧斯特 (Oersted) 也發現電流和磁場的關係也會滿足庫倫定

律，因此也寫出了磁場上的庫倫定律 $F = \frac{\mu_0 Q_{m1}Q_{m2}}{4\pi R^2}$ ，也

想用電學的方式得到磁場強度 $\vec{H}$ 的大小，因此使用

$\vec{H} = \frac{\vec{F}}{Q_{m1}} = \frac{\mu_0 Q_{m2}}{4\pi R^2}$ ，在數學方法上看似可行，但是在實際

上磁荷是不可以分離的，因此產生了另外一種解法，那就

是比爾沙華 (Biol-Savrt) 定律。

Unit 8-2
比爾-沙華定律

比爾 - 沙華 (Biol-Savrt) 根據西元 1819 年奧斯特的實驗，比爾和沙華兩個人也做了一個相同的實驗，發現在空間中任一點 P，由微小電流和所產生的磁場強度有下列幾個特性

① 磁場強度和該微小長度 l 的電流乘積成正比。

② 磁場強度和 P 點夾角 θ 的正弦值成正比。

③ 磁場強度和 P 點的距離 R 的平方成反比。

寫成數學式則為

$$dH \propto Idl, \ dH \propto \sin\theta, \ dH \propto \frac{1}{R^2} \tag{1}$$

加以整理後可以得到

$$d\vec{H} \propto \frac{Id\vec{l}\ \sin\theta}{R^2} \ \Rightarrow \ d\vec{H} = \frac{Id\vec{l}\ \sin\theta}{4\pi R^2} \tag{2}$$

如果用向量式表示則為

$$d\vec{H} = \frac{Id\vec{l} \times \vec{a}_R}{4\pi R^2} \tag{3}$$

此時如果我們將電流用電流密度 $\vec{J}$ 及積分式表示，可以寫成

$$\vec{H} = \int \frac{\vec{J} \times \vec{a}_R}{4\pi R^2} d\lambda \tag{4}$$

其中

> i. 當電流分佈在線上時：$d\lambda$ 表示長度 dl。
>
> ii. 當電流分佈在物體表面時：$d\lambda$ 表示表面積長度 ds。
>
> iii. 當電流分佈在整個物體上時：$d\lambda$ 表示體積 dv。

例 題 如下圖一，在無限長導線的電流為 I，求線外一點的磁場強度 $\vec{H}$ 的大小。

解：利用比爾 - 沙華定律

$$d\vec{H} = \frac{Idz\vec{a}_z \times \vec{a}_R}{4\pi R^2} = \frac{Idz\vec{a}_z \times (r\vec{a}_r - z\vec{a}_z)}{4\pi(r^2 + z^2)^{3/2}}, \vec{a}_R = \frac{r\vec{a}_r - z\vec{a}_z}{R} ,$$

$$d\vec{H} = \frac{Idz}{4\pi(r^2 + z^2)^{3/2}}[r\vec{a}_z \times \vec{a}_r - z\vec{a}_z \times \vec{a}_z]$$

$$= \frac{Idz}{4\pi(r^2 + z^2)^{3/2}}[r\vec{a}_\phi - z \cdot 0] = \frac{Irdz}{4\pi(r^2 + z^2)^{3/2}}\vec{a}_\phi$$

所以

$$\vec{H} = \int_{-\infty}^{\infty} \frac{Irdz}{4\pi(r^2 + z^2)^{3/2}}\vec{a}_\phi = \frac{Ir}{4\pi} \cdot \frac{1}{r^2} \frac{z}{\sqrt{r^2 + z^2}}\bigg|_{-\infty}^{\infty} \vec{a}_\phi = \frac{I}{4\pi r}[\frac{\infty}{\infty} - \frac{-\infty}{\infty}]\vec{a}_\phi = \frac{I}{2\pi r}\vec{a}_\phi$$

如果令下圖二中夾角為 α_1 及 α_2，則有限長度所造成的磁場強度為

$$\vec{H} = \frac{I}{4\pi r}[\sin\alpha_1 + \sin\alpha_2]\vec{a}_\phi$$

095

比爾-沙華定律

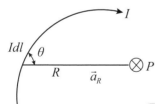

圖 一

無限長導線線外一點的磁場強度

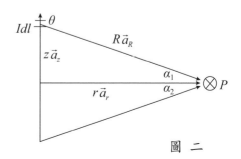

圖 二

Unit **8-3**
安培定律

圖
解
電
磁
學

　　如同高斯定律在電場強度的作用，安培 (環路) 定律就是磁場的高斯定律。由於比爾沙華定律在求解題目的過程中，會遇到很繁雜的數學式，因此利用簡便的安培定律求解的話，可以節省很多時間。但是要注意的是安培定律也和高斯定律一樣有使用上的限制，那就是要使用在**封閉的區域內**，這點要特別注意。

　　安培經由多次的實驗而得到了安培定律，它的定義是：**環繞一封閉曲線對磁場強度的線積分和該封閉曲線內的總電流相等**。並且用右手決定方向，如右圖一。因此安培定律有時候又稱為安培右手定律，數學式的表示為

$$\oint \vec{H} \cdot d\vec{l} = I = \int \vec{J} \cdot d\vec{S} \tag{1}$$

　　其中：$\vec{H}$ 為磁場強度，dl 為該封閉曲線的路徑，I 為該封閉曲線內的總電流，$\vec{J}$ 則為封閉曲線內的電流密度。

例　題　　如右圖二之同軸導體，內外導體半徑各為 a, b 及 c，而且電流為內外方向相反的，求各區域內的磁場強度 $\vec{H}$ 之大小。

解：利用電流密度及安培定律，分成下列步驟

1. $0 < r < a$：$\oint \vec{H}_1 \cdot d\vec{l} = \int \vec{J} \cdot 2\pi r dr$

$\vec{H}_1 2\pi r = \vec{J}\pi r^2 = \dfrac{I}{\pi a^2} \cdot \pi r^2 = \dfrac{r^2}{a^2} I$，得到 $H_1 = \dfrac{r}{2\pi a^2} \bar{a}_r$。

2. $a < r < b$：$\oint \vec{H}_2 \cdot dl = I$，$\vec{H}_1 2\pi r = I$ 得到 $\vec{H}_1 = \dfrac{I}{2\pi r} \bar{a}_r$

3. $b < r < c$：電流一為正，另一負總電流為 $I - \dfrac{\pi(r^2 - b^2)}{\pi(c^2 - b^2)} I$

所以 $\oint \vec{H}_3 \cdot dl = I - \dfrac{\pi(r^2-b^2)}{\pi(c^2-b^2)}I = \dfrac{c^2-r^2}{c^2-b^2}I$ ，

得到 $\vec{H}_3 = \dfrac{I}{2\pi r} \cdot \dfrac{c^2-r^2}{c^2-b^2} \vec{a}_r$

4. $r = a$ 時：$\vec{H}_4 = \dfrac{I}{2\pi a} \vec{a}_r$

5. $r = b$ 時：$\vec{H}_5 = \dfrac{I}{2\pi b} \vec{a}_r$

6. $r = c$ 時，$\vec{H} = 0$

安培（環路）定律

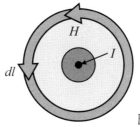

圖　一

同軸導體的各區域之磁場強度及分布圖

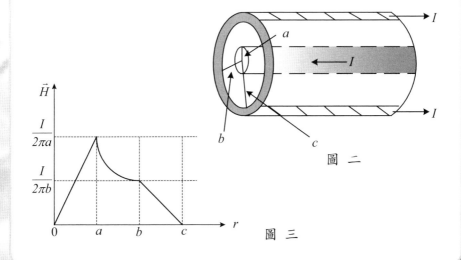

圖　二

圖　三

筆 記 欄

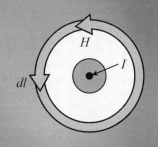

第**9**章

磁位、磁通與磁路

章節體系架構 ▼

Unit 9-1
磁位與磁位梯度

經由磁位和電位的**對偶** (dual) 觀念，將磁位和梯度結合成磁位梯度，一樣的可以求出磁場強度 $\vec{H}$ 的大小。現在請各位回到前面章節中所提到的電位梯度之中，你會發現磁場和磁位的關係也是梯度關係，因此我們同樣地可以取磁位的負梯度表示磁場強度 $\vec{H}$ 大小。

$$\vec{H} = -\nabla V_m = -grad\ V_m \qquad (1)$$

例題一　如下圖一，環狀線電荷之半徑為 a，電流為 I，求 Z 軸上磁場強度 $\vec{H}$ 的大小。(磁位大小為：$V_m = \dfrac{I}{2}(1 - \dfrac{z}{\sqrt{a^2 + z^2}})$)

解：利用磁位梯度的觀念 (加入計量係數的重點)

$$H = -\nabla V_m = -(\frac{1}{1}\frac{\partial V_m}{\partial r}\vec{a}_r + \frac{1}{r}\frac{\partial V_m}{\partial \phi}\vec{a}_\phi + \frac{1}{1}\frac{\partial V_m}{\partial z}\vec{a}_z)$$

$$= -\left\{ \frac{1}{1}0 \cdot \vec{a}_r + \frac{1}{r}0 \cdot \vec{a}_\phi + \frac{1}{1}\frac{\partial}{\partial z}\left[\frac{I}{2}(1 - \frac{z}{\sqrt{a^2 + z^2}})\right]\vec{a}_z \right\}$$

$$= \frac{-I}{2}\frac{d}{dz}\left[1 - \frac{z}{\sqrt{a^2 + z^2}}\right]\vec{a}_z = \frac{Ia^2}{2(a^2 + z^2)^{3/2}}\vec{a}_z$$

利用磁位求 z 軸上磁場強度

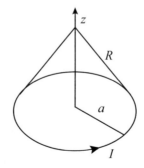

圖 一

例題二 磁位梯度的應用 - 磁偶極：如同電偶極的情形，請利用磁位梯度的觀念求出下圖二中磁偶極的磁場強度 $\vec{H}$ 的大小。

解：利用電偶極的觀念 (請見前面章節之說明)，可以得到

$$V_m = \frac{\mu_0 Q_m}{4\pi}\left(\frac{1}{R_1} - \frac{1}{R_2}\right) \text{ 及 } V_m = \frac{\mu_0 Q_m}{4\pi}\left[\frac{d\cos\theta}{R^2 - \frac{d^2}{4}\cos^2\theta}\right] \doteqdot \frac{\mu_0 Q_m}{4\pi} \cdot \frac{d\cos\theta}{R^2}$$

則

$$\vec{H} = -\nabla V_m = -\left(\frac{1}{1}\frac{\partial V_m}{\partial R}\vec{a}_R + \frac{1}{R}\frac{\partial V_m}{\partial\theta}\vec{a}_\theta + \frac{1}{R\sin\theta}\frac{\partial V_m}{\partial\phi}\vec{a}_\phi\right)$$

$$\vec{H} = -\left[\frac{1}{1}\frac{\mu_0 Q_m}{4\pi}\frac{-2d\cos\theta}{R^3}\vec{a}_R + \frac{1}{R}\frac{\mu_0 Q_m}{4\pi}\frac{-d\sin\theta}{R^2}\vec{a}_\theta\right]$$

$$= \frac{\mu_0 2Q_m d\cos\theta}{4\pi R^3}\vec{a}_R + \frac{\mu_0 Q_m d\sin\theta}{4\pi R^3}\vec{a}_\theta$$

$$= \frac{\mu_0 Q_m d}{4\pi R^3}[2\cos\theta\,\vec{a}_R + \sin\theta\,\vec{a}_\theta]$$

101

磁偶極的圖形

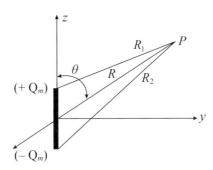

圖 二

Unit **9-2**
磁　通

在電場的描述中，我們使用了一個名詞：**電力線**做量化的描述。同樣的在磁場中，我們也引進一個新的名詞：**磁力線 (ϕ)** 做量的分析。它的定義是

> 垂直通過某一面積上之磁場強度的通量密度。

使用數學式表示為

$$\phi = \int \mu_0 \vec{H} \cdot d\vec{S} = \phi = \int \vec{B} \cdot d\vec{S} \tag{1}$$

其中：i. ϕ 表示為磁力線，單位為韋伯。

　　　ii. B 表示磁場強度的通量密度，

　　　和磁場強度的關係式為：$\vec{B} = \mu_0 \vec{H}$

再由磁荷的定義中得知，磁荷是不能單獨存在的，必須成對的出現，因此通過任一封閉平面的磁場強度的通量密度 一定為 0。所以存在下面的數學式

$$\phi_{封閉平面} = \int \vec{B} \cdot d\vec{S} = 0 \tag{2}$$

接著再利用前面章節所提到的高斯散度定理，將 (2) 式化成散度定理的型式得到

$$\oint \vec{B} \cdot d\vec{S} = \oint (\nabla \cdot \vec{B}) \, dv = 0 \tag{3}$$

因此得到

$$\nabla \cdot \vec{B} = 0 \Rightarrow \nabla \cdot \mu_0 \vec{H} = 0 \Rightarrow \mu_0 \nabla \cdot \vec{H} = 0 \Rightarrow \nabla \cdot \vec{H} = 0 \tag{4}$$

(4) 式就是電磁學上有名的**馬克斯威爾 (Maxwell)** 四大方程式中的第個三方程式，除了磁通外，我們也定義一個**交鏈磁通 (Λ : linkage)**，這是代表相鄰兩個線圈的磁場相互作用所產生的物理現象，以數學式表示為

$$\Lambda_{12} = N_2 \phi_{12} \tag{5}$$

在此處，我們先大略的介紹電感的一般觀念

1. 線圈 1 對自己所產生的感應稱為**自感** (self inductance)，數學式為

$$L_{11} = \frac{\Lambda_{11}}{I_{11}} = \frac{N_1\phi_{11}}{I_{11}} \quad \text{亨利 (Henry)} \tag{6}$$

2. 線圈 2 對線圈 1 所產生的感應稱為**互感** (mutual inductance)，數學式為

$$M_{12} = \frac{\Lambda_{12}}{I_1} = \frac{N_2\phi_{12}}{I_1} \quad \text{亨利 (Henry)} \tag{7}$$

對一般的電路而言，互感是滿足對稱性，亦即 $M_{12} = M_{21}$。

例題一　如下圖，同軸導體，內外半徑各為 a 和 b，長度為 l，求導體內磁通 ϕ 的大小。

解：1. $\vec{H} = \dfrac{I}{2\pi r}\vec{a}_\phi$ （安培定律）。

2. $\vec{B} = \mu_0\vec{H} = \dfrac{\mu_0 I}{2\pi r}\vec{a}_\phi$ 。

3. $\phi = \int \vec{B} \cdot dS = \int \dfrac{\mu_0 I}{2\pi r} \cdot dS$ 。而 $dS = drdz$ 代入，得到

$$\phi = \int_a^b \int_0^l \frac{\mu_0 I}{2\pi r} drdz = \int_a^b \frac{\mu_0 I}{2\pi r} dr \int_0^l dz = \int_a^b \frac{\mu_0 Il}{2\pi r} dr$$

$$= \frac{\mu_0 Il}{2\pi} \int_a^b \frac{1}{r} dr = \frac{\mu_0 Il}{2\pi} \ln r \Big|_a^b = \frac{\mu_0 Il}{2\pi} \ln \frac{b}{a}$$

同軸導體的求各區域之磁通

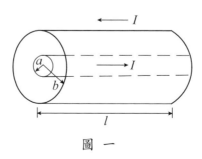

圖　一

Unit 9-3
靜磁場界面條件

圖解電磁學

本節中所要討論的界面條件也是對指兩種不同介電質材料相鄰時，磁場通過該邊界時，在邊界處之磁場強度 $\vec{H}$ 會產生何種的變化及變化的關係為何？

1. 磁場垂直通過介質界面時：

由右圖一中，利用簡單的高斯定律可以得到磁場的關係為

$$\int \vec{B} \cdot d\vec{S} = 0 \tag{1}$$

亦即　$\vec{B}_{1n}\Delta S - \vec{B}_{2n}\Delta S = 0 \Rightarrow (\vec{B}_{1n} - \vec{B}_{2n})\Delta S = 0 \Rightarrow \vec{B}_{1n} = \vec{B}_{2n} \tag{2}$

再將 $\vec{B}$ 和 $\vec{H}$ 的關係代入得到

$$\vec{B}_{1n} = \vec{B}_{2n} \Rightarrow \mu_1 \vec{H}_{1n} = \mu_2 \vec{H}_{2n} \text{，化簡成 } \frac{\vec{H}_{1n}}{\vec{H}_{2n}} = \frac{\mu_2}{\mu_1} \tag{3}$$

2. 磁場平行介質界面時：

由右圖二中，同樣的利用簡單的積分定理和安培定理可以得到

$$\int \vec{H} \cdot d\vec{l} = I \tag{4}$$

一般而言，在界面上是不會有電流存在的，因此在 $I = 0$ 之下，我們可以得到

$$\vec{H}_{1t} - \vec{H}_{2t} = 0 \Rightarrow \vec{H}_{1t} = \vec{H}_{2t} \tag{5}$$

3. 磁場具某一角度通過介質界面時：

同樣的由右圖三中，利用 (3) 式、(5) 式及三角函數的關係，分成兩個部分來討論。

i. 垂直部分：由垂直分量的關係，可以得到

$$\frac{\vec{H}_{1n}}{\vec{H}_{2n}} = \frac{\mu_2}{\mu_1} = \frac{\vec{H}_1 \cos\alpha_1}{\vec{H}_2 \cos\alpha_2} \text{ 化簡成 } \mu_1 \vec{H}_1 \cos\alpha_1 = \mu_2 \vec{H}_2 \cos\alpha_2$$

ii. 水平部分：由水平分量的關係，可以得到

$$\vec{H}_{1t} = \vec{H}_{2t} \Rightarrow \vec{H}_1 \sin\alpha_1 = \vec{H}_2 \sin\alpha_2$$

將水平分量除上垂直分量，可以得到

$$\frac{\vec{H}_1 \sin\alpha_1}{\mu_1 \vec{H}_1 \cos\alpha_1} = \frac{\vec{H}_2 \sin\alpha_2}{\mu_2 \vec{H}_2 \cos\alpha_2} \qquad (6)$$

化簡成為

$$\frac{\tan\alpha_1}{\mu_1} = \frac{\tan\alpha_2}{\mu_2} \Rightarrow \frac{\tan\alpha_1}{\tan\alpha_2} = \frac{\mu_1}{\mu_2} \qquad (7)$$

磁場垂直通過介質界面

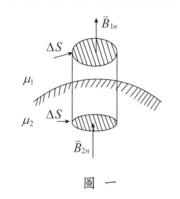

圖 一

磁場平行介質界面

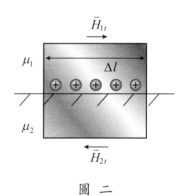

圖 二

磁場具某一角度通過介質界面

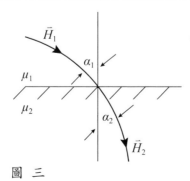

圖 三

Unit **9-4**

磁　路

　　磁路主要是希望利用電路學上的**對偶觀念 (dual)** 求解磁路的相關問題。我們在表中列出了電路與磁路公式對照表，對於在求解磁路上的問題上有很大的幫助。

例題一　如右上圖，環狀螺管線圈 (toroid)，半徑為 a，電流為 I，共計 N 匝，利用磁位降的方法求出管內的磁場強度 $\vec{H}$ 的大小。

解：由磁位和電流的關係中得

1. $V_m = NI$，而且 $\phi = \dfrac{V_m}{R_m} = \dfrac{NI}{\dfrac{1}{\mu_0}\dfrac{l}{S}} = \dfrac{NI}{\dfrac{1}{\mu_0}\dfrac{2\pi a}{S}}$，化簡得到 $\phi = \dfrac{NIS\mu_0}{2\pi a}$

2. 再由 $\vec{B} = \dfrac{\phi}{S}$ 中，得到 $\vec{B} = \dfrac{NI\mu_0}{2\pi a}$

3. 比較上面兩式，即可以得到 $\vec{H} = \dfrac{\vec{B}}{\mu_0} = \dfrac{NI}{2\pi a} = \dfrac{N}{2\pi a}I$

例題二　如右圖二，環狀螺管線圈，半徑為 a，電流為 I，共計 N 匝，但中間有一間隙 l，請利用磁位降方法求出管內的磁通密度 ϕ 的大小。

解：

1. 利用例題一的做法，$\phi = \dfrac{V_m}{R_{螺} + R_{空}}$，其中 $V_m = NI$，

而 $R_{螺} = \dfrac{1}{\mu}\dfrac{l_{螺}}{S} = \dfrac{1}{\mu}\dfrac{(2\pi a - l)}{S}$，$R_{空} = \dfrac{1}{\mu_0}\dfrac{l}{S}$。所以得到：

$\phi = \dfrac{NI}{\dfrac{1}{\mu}\dfrac{(2\pi a - l)}{S} + \dfrac{1}{\mu_0}\dfrac{l}{S}}$，求出 $\vec{B} = \dfrac{\phi}{S}\dfrac{NI}{\dfrac{(2\pi a - l)}{\mu} + \dfrac{l}{\mu_0}}$

2. 由於 $\mu = 4000\mu_0$ 左右，而 $2\pi a \fallingdotseq 100\ell$，所以 $\vec{B} \fallingdotseq \dfrac{\mu_0 NI}{\ell}\vec{a}_\phi$

電路與磁路公式對照表

名　稱	電　路	磁　路
電(磁)位	$V = \int \vec{E} \cdot d\vec{l}$	$V_m = \int \vec{H} \cdot d\vec{l}$
電流密度及磁通密度	$\vec{J} = \sigma \vec{S}$	$\vec{B} = \mu \vec{H}$
電流和磁通	$I = \int \vec{J} \cdot d\vec{S}$	$\phi = \int \vec{B} \cdot d\vec{S}$
歐姆定律(本質)	$R = \dfrac{l}{\sigma S}$	$R_m = \dfrac{\ell}{\mu S}$
歐姆定律	$V = IR$	$V_m = \phi R_m$
安培定律	$\int \vec{E} \cdot d\vec{l} = 0$	$\int \vec{H} \cdot d\vec{l} = NI$
克希荷夫第二定律	$\sum V = 0$	$\sum V_m = NI$

利用磁位降求環狀螺管線圈之管內的磁場強度

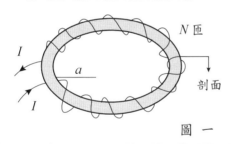

圖　一

利用磁位降求中間有一間隙之磁場強度

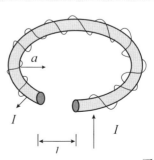

圖　二

筆　記　欄

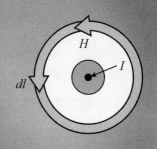

第 **10** 章

電感與電磁力

Unit **10-1**
電感的基本觀念

1. 電感的定義

　　所謂的電感，廣義的說就是：**一個帶電系統中，它本身所帶的電流** I，**和它的交鏈磁通 (Λ) 之間的比值關係**。

　　寫成數學式為：　$L = \dfrac{\Lambda}{I} = \dfrac{N\phi}{I}$　亨利 (Henry)　　　　　(1)

　　一般在電子上使用的電感元件，數值約在 10^{-6} 亨利級 (μH)，而在電力系統上使用的電感，數值則在 10^{-3} 亨利級 (mH)。

2. 電感在工程上的應用

　　電感在工程上的應用，和電容一樣是是非常的廣泛，除了當成電路的元件外，根據數學的分析，電感也相當於一個**儲存** (storage) 裝置，也會使系統產生**延遲** (delay) 的現象，這點在做系統設計時也請特別注意。

　　以系統而言，電感在工程上的應用可以分成兩大類：

(1) 弱電系統 (電子，通訊等等)：在弱電系統系統的使用上，

　　最重要的有下面幾項：

　　i. 通訊用的**振盪器** (oscillator)，振盪頻率為：$f = \dfrac{1}{2\pi\sqrt{LC}}$ 。

　　ii. 交換式 (switching) 電源電路中的**抗流** (choke) 作用。

(2) 強電系統 (電力系統及電機機械)

　　主要是在將電感性元件用於電動機的線圈上，

　　做磁場的**交鏈** (linkage)。

3. 互感的數學模式

　　對電感而言，如果以類別區分的話，可以分成兩大類：

110

(1) 線圈 1 對本身所產生的感應稱為**自感** (self inductance)，數學表示式為

$$L_{11} = \frac{\Lambda_{11}}{I_{11}} = \frac{N_1 \phi_{11}}{I_{11}} \quad \text{亨利 (Henry)} \tag{2}$$

(2) 線圈 2 對線圈 1 所產生的感應稱為**互感** (mutual inductance)，
數學表示式為：

$$M_{12} = \frac{\Lambda_{12}}{I_1} = \frac{N_2 \phi_{12}}{I_1} \quad \text{亨利 (Henry)} \tag{3}$$

一般而言，互感是滿足對稱性，亦即 $M_{12} = M_{21}$。

互感的圖形

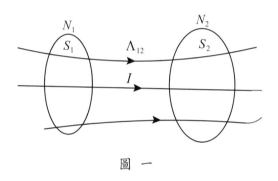

圖　一

 知識補充站

　　互感 (mutual inductance) 為自感的一大分支，一般使用紐曼公式 (Neumann formula) 加以分析求解：$M_{12} = \frac{\mu_0}{4\pi} \oint_{C_1} \oint_{C_2} \frac{dl_1 \cdot dl_2}{|X_2 - X_1|}$，特性為滿足交換性。在應用上，和自感的關係主要以耦合係數 (coupling coefficient) 聯結。

Unit 10-2
電磁力的基本觀念

由基本觀念中得知兩個靜止電荷之間的作用力可以使用庫倫定律加以表示，並且可以求出作用力的大小。但是兩個移動電荷之間所增加的力則無法從實驗上量得，主要的原因為

1. 在一般的速度下所產生的作用力，相對於庫倫力來說，實在是微不足道。

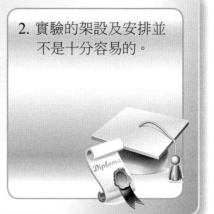

2. 實驗的架設及安排並不是十分容易的。

因此本節利用數學的方法，說明兩個移動電荷之間所增加的力，並將數值大小求出。

小博士解說

現今的認知中，宇宙中存在四個基本的作用力：萬有引力、電磁力、強核作用力及弱核作用力。其中的電磁力，會導致同電性相斥和異電性相吸，很多日常生活中的力，像是摩擦力及張力等都是由電磁力造成的。例如，人落地後之不會穿過地板的力，就是電磁力，因為由原子所組成的物質，包括你的腳和地板會相互抵抗以免被轉移。此外電磁作用力還造成人們對時間和空間觀念的革命，因而產生相對論。

1. 勞侖茲力

有兩個點電荷 Q_1 及 Q_2 在真空中以 $\vec{V_1}$ 及 $\vec{V_2}$ 的速度移動，此時我們可以經由實驗方法，求出電場作用於電荷的磁力為

$$\vec{F}_{m12} = \frac{\mu_0 Q_1 Q_2}{4\pi R^2} \vec{V_2} \times (\vec{V_1} \times \vec{a}_{12}) \qquad (1)$$

其中：i. R 為兩電荷間的距離

ii. 向量 $\vec{V}_{12}$ 為 Q_1 及 Q_2 的距離向量

將 (1) 式整理可以得到

$$\vec{F}_{m12} = Q_2 \vec{V_2} \times (\frac{\mu_0}{4\pi} \frac{Q_1 \vec{V_1} \times \vec{a}_{12}}{R^2}) \qquad (2)$$

此時將 Q_1 及 $\vec{V_1}$ 當做觀察者，觀察 Q_1 所的受力 $\vec{F}_m$ 之大小為

$$\vec{F}_m = Q\vec{V} \times \vec{B} \qquad (3)$$

其中：$\vec{B} = (\frac{\mu_0}{4\pi} \frac{Q_1 \vec{V_1} \times \vec{a}_{12}}{R^2})$ 稱為 Q_1 所產生的磁通密度

我們將前面章節所提到的庫倫力和此處的電磁力加以合成，就成為了運動電荷 Q 所受的總力大小，數學表示方式為

$$\vec{F} = \vec{F}_e + \vec{F}_m = Q\vec{E} + Q\vec{V} \times \vec{B} = Q(\vec{E} + \vec{V} \times \vec{B}) \qquad (4)$$

而 (4) 式就稱為電荷的勞侖茲力。

 知識補充站

　　勞侖茲力（Lorentz force）是運動於電磁場的帶電粒子所感受到的作用力，根據勞侖茲力定律，人類發展出直流電動機及直流發電機。

Unit **10-3**
電磁力的應用-直流電動機

　　利用 (1) 式的方式，對直流電動機的動作原理詳細的加以說明。由 (1) 式之中

$$\vec{F} = Q\vec{V} \times \vec{B} \tag{1}$$

取 (1) 式的微分電荷之數值

$$d\vec{F} = dQ\vec{V} \times \vec{B} \tag{2}$$

將 $dQ = \rho dv$ 代入 (2) 式中

$$d\vec{F} = \rho dv\vec{V} \times \vec{B} \tag{3}$$

再化簡 $\rho dv\vec{V} = \rho\vec{V}dv = \vec{J}dv = \vec{J}dSdl = \vec{I}dl$ ，就可以得到

$$d\vec{F} - \vec{I}dl \times \vec{B} \tag{4}$$

如果對 (4) 式取積分

$$\vec{F} = \int \vec{I} \times \vec{B} \, dl \tag{5}$$

又假設電流及磁場均為一定值，則 (5) 式可以化簡成

$$\vec{F} = (\vec{I} \times \vec{B}) \, l \tag{6}$$

(6) 式即為在各位在電機機械上所使用的**直流電動機**的數學模式。

例　題　　如右圖二，請利用數學方式說明直流電動機的動作原理。

解：由直流電動機的數學公式 $\vec{F} = \vec{I} \times \vec{B}$，$\vec{F} \perp \vec{I}$ 及 $\vec{F} \perp \vec{B}$，
　　形成直流電動機之轉動。所以

直流電動機外觀圖

圖　一

直流電動機

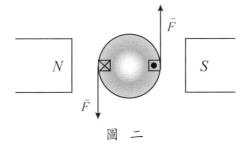

圖　二

Unit 10-4
電磁力的應用-霍爾效應

　　霍爾效應 (Hall effect) 是在 1871 年由霍爾所提出，是指將固體導體放置在一個磁場內，當電流通過時，導體內的電荷載子會受到勞倫茲力的作用而偏向一邊，繼而產生電位差。除了導體外，半導體也能產生霍爾效應，而且半導體的霍爾效應要強於導體。

　　在實際的應用上，霍爾效應可以測定金屬內自由電子的密度，電機機械中氣隙的磁通及判別半導體的型態 (P 型或 N 型)。

　　如右圖一及右圖二所示，在導體上外加與電流方向垂直的磁場，會使得導線中的電子與電洞受到不同方向的勞倫茲力而往不同方向上聚集，在所聚集的電子與電洞之間會產生電場，此一電場將會使後來的電子電洞受到電力作用，而平衡掉磁場造成的勞倫茲力，使得後來的電子電洞能順利通過不會偏移，此一現象稱為霍爾效應，內部產生的電壓稱為霍爾電壓。如果電洞往上聚集，則此時半導體為 P 型半導體。如果電子往上聚集，則此時半導體為 N 型半導體。

例 題　假設導體為一個長方體，長度分別為 l，w，及 a，磁場垂直於 l，w 平面。當電流經過 la 平面的方向，電流 $I = nqv(\text{la})$，而 n 為電荷密度，磁場強度為 $\vec{B}$。求霍爾電壓及電場大小。

解：假設霍爾為 V_H，導體沿霍爾電壓方向的電場為 V_H / l，則根據電磁力之公式

$$\vec{F}_e = Q\vec{E}，\ \vec{F}_m = Q\vec{V}\vec{B} \text{ 而 } F_e = F_m，因此 } Q\vec{E} = Q\vec{V}\vec{B}，$$

得到：$\dfrac{QV_H}{l} = Qv\vec{B}$　，因此　$V_H = lv\vec{B} = \dfrac{\vec{B}I}{nQa}$

P 型半導體

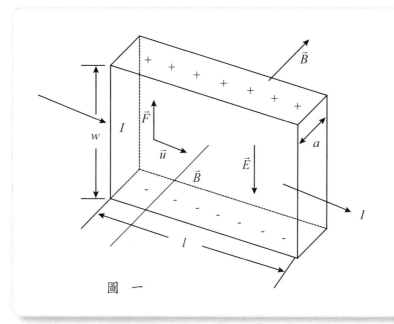

圖　一

N 型半導體

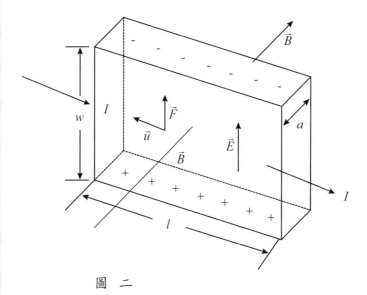

圖　二

Unit **10-5**
電磁力的應用-噴墨印表機

　　噴墨印表機的想法來自陰極射線管 (CRT)，如下圖所示。其中最常用的為壓電式，而壓電式噴墨技術是將許多小的壓電式可變電元 (壓電陶瓷) 放置於噴墨印表機的列印頭噴嘴附近，利用它在電壓作用下會發生形變的原理。

　　當壓電陶瓷產生伸縮時，此時噴嘴中的墨汁噴出，以電場所形成的偏向板所使墨汁產生偏向，在輸出介質表面形成圖案。因為列印頭的結構合理，透過電壓的控制，能有效地調節墨滴的大小和使用方式，得到高列印精度和列印效果。

　　由於噴墨印表機對墨滴的控制能力強，所以得到高精確度的列印。但是使用壓電式噴墨技術製作的噴墨列印頭成本比較高，所以為了降低使用者的使用成本，一般都將列印噴頭和墨盒做成分離的結構，更換墨水時就不必更換列印頭，這種技術是由 EPSION 所獨創。

噴墨印表機的外觀圖

圖　一

噴墨印表機的動作原理圖

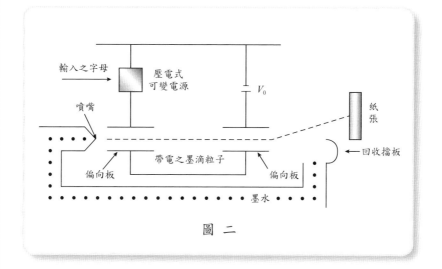

圖 二

噴墨印表機的內部構造圖

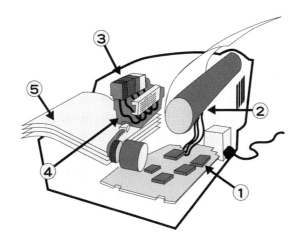

1.控制電路、2.紙軸、3.墨水組、4.噴嘴、5.紙架

圖 三

筆　記　欄

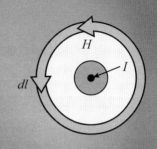

第 **11** 章

法拉第定律

Unit 11-1
法拉第定律

1. 法拉第定律及冷次定律

在奧斯特於西元 1819 年證明電流會影響磁針的偏向之後不久，法拉第提出磁場也會產生電流的理論，法拉第總共花了十餘年的時間，終於在西元 1831 年得到了結果，內容為：將兩個鐵環繞上兩組同心線圈，其中一組接電流表，另一組接電池，當電池電路閉上時，另一組線圈的電流表會產生偏轉。而電池電路打開時，電流表則會產生反向偏轉。接著他又做了磁場和線圈的相對運動的實驗，發現到也有此一現象產生，因此提出了電磁學中有名的**法拉第定律 (Faraday's law)**，說明了感應電動勢的產生和磁通對時間的變化有關，可以使用以下的數學式表示

$$V = -\frac{d\phi}{dt} \tag{1}$$

其中：i. V 為感應電動勢。

ii. ϕ 為通過同心線圈的磁通大小

iii. 負號則表示感應電動勢產生反向的磁通

(1) 式中的負號在物理上的意義稱為**冷次定律**，使用最簡單的話做解釋，可以將它想成「要維持現狀」做解釋。另外如果線圈的匝數為為 N 匝的話，則只要將 (1) 式改成為

$$V = -N\frac{d\phi}{dt} \tag{2}$$

即可以得到 N 匝時的法拉第定律。緊接著我們利用前節中的電位公式

$$V = \oint \vec{E} \cdot d\vec{l}$$

再和 (1) 式比較而得到

$$V = \oint \vec{E} \cdot d\vec{l} = -\frac{d\phi}{dt} = -\frac{d}{dt}\oint \vec{B} \cdot d\vec{S} \tag{3}$$

對 (3) 式而言，如果通過磁通的面為固定面的話，則右邊的偏微分演算子可以和積分演算子交換 (滿足交換律)，因此可以改成

$$V = \oint \vec{E} \cdot d\vec{l} = (-\oint \frac{\partial \vec{B}}{\partial t} \cdot d\vec{S}) \tag{4}$$

再利用史托克定理，將 (4) 式改成

$$\oint (\nabla \times \vec{E}) \cdot d\vec{S} = \oint \frac{-\partial \vec{B}}{\partial t} \cdot d\vec{S} \qquad (5)$$

比較 (5) 式的兩端，可以得到

$$\nabla \times \vec{E} = \frac{-\partial \vec{B}}{\partial t} \qquad (6)$$

(6) 式稱為法拉第定律的微分型式，也是馬克斯威爾四大方程式中的一個方程式 (動態之下)。當磁通不產生變化時，(6) 式就會變成：$\nabla \times \vec{E} = 0$。

2. 變壓器 (transformer)

變壓器是法拉第定律最大的應用實例，於西元 1885 年所發明的，主要的數學式為

$$V_1 \Rightarrow I_1 \Rightarrow \vec{B} \Rightarrow \phi \Rightarrow \frac{d\phi}{dt} \Rightarrow I_1 \Rightarrow V_2 \qquad (7)$$

變壓器的動作原理

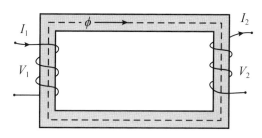

圖 一

變壓器的外觀圖

圖 二

變壓器的電路構造

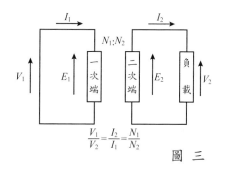

$$\frac{V_1}{V_2} = \frac{I_2}{I_1} = \frac{N_1}{N_2}$$

圖 三

Unit **11-2**
拉第定律的應用-圓盤發電機

發電機是法拉第定律的應用之一，我們可以利用勞侖茲力的觀念加以分析。

$$\vec{F} = Q\vec{V} \times \vec{B} \tag{1}$$

如果有一電荷以速度 $\vec{V}$ 運動於磁場 $\vec{B}$ 中，電場強度 $\vec{E}$ 的大小可以利用庫倫定律表示為

$$\vec{E} = \frac{\vec{F}}{Q} = \vec{V} \times \vec{B} \tag{2}$$

(3) 式就是在電機機械中所提到的**直流發電機**之數學模式。

例題一　如右圖一，磁場強度為 $\vec{B}$，以 $\vec{V}$ 的速度旋轉，請說明其動作過程。

解：在直流發電機的數學公式中，$\vec{E} = \vec{V} \times \vec{B}$（$\vec{V}$ 為速度），
所以在 $\vec{V} \perp \vec{E}$ 且 $\vec{B} \times \vec{E}$ 之下
所以

可以得到其動作的原理。

例題二　法拉第圓盤型發電機的應用 (如右圖二所示)：
解：第一個千瓦小時計為匈牙利人 Ottó Titusz Bláthy 所提出的專利報告，出現在 1889 年秋季法蘭克福博覽會上，由 Ganz Works 根據 Ottó Titusz Bláthy 的專利加以展示。

圖解電磁學

例題三 如下圖三，法拉第圓盤型發電機的半徑為 a，磁場強度為 $\vec{B}$ ，以 $\vec{V}$ 的速度旋轉，請說明動作過程並求出其電位 V 的大小。

解：由電壓 $V = \int_1^2 (\vec{V} \times \vec{B}) \cdot dl$ 的公式中，化成圓柱座標的型式

及角動量的表示，計算出

$$V = \int_0^a (r\omega B)dl = \frac{1}{2}\omega Br^2 \bigg|_0^a = \frac{1}{2}\omega Ba^2$$

直流發電機

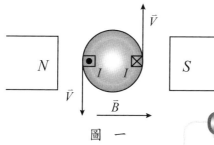

圖 一

法拉第圓盤型發電機

圖 二

法拉第圓盤型發電機的應用

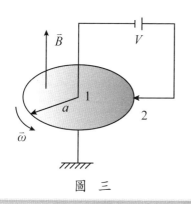

圖 三

Unit 11-3
拉第定律的應用-電磁爐

在本節中主要介紹日常生活上常用的「電磁爐 (induction cooktop)」，並且利用法拉第定律說明電磁爐動作的原理，如右圖一中所示。而電磁爐的動作原理為

① 將爐內的一個電感線圈當做變壓器的一次測。

② 經由所設置的鐵塊將磁路引導成一個磁迴路（大約離表面五公分左右）。

③ 在回路的路徑內加上負載（通常是高導磁係數的炊具等），利用迴路中的磁通對負載感應所產生的渦電流 (eddy current)，以焦耳效應將負載溫度升高，使受熱體昇溫。

以台灣最大的速普樂公司所生產的電磁爐為基準，和其它傳統的電熱器具相比較，可以發現在效率上，電磁爐的效率是最高的 (感謝台灣速普樂公司 賴維政課長提供資料)。

各種器具加熱方式的比較表

名　　　稱	加熱方式	效　　率
電磁爐(induction cooktop)	直熱式	86 %
鹵素爐(halogen cooktop)	間熱式	58 %
電爐(electric cooktop)	間熱式	47 %
瓦斯爐(gas cooktop)	間熱式	39 %

電磁爐的動作圖

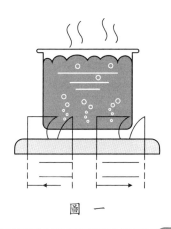

圖 一

電磁爐的外觀圖

圖 二

使用中的電磁爐

圖 三

筆　記　欄

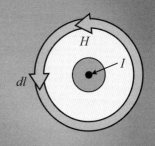

第 **12** 章

附錄：範例解析

章節體系架構 ▼

Unit **12-1**

向　量

1. 兩個向量場 $\vec{A} = xy\vec{a}_x + yz\vec{a}_y + xz\vec{a}_z$，$\vec{B} = yz\vec{a}_x + xz\vec{a}_y + xy\vec{a}_z$，何者包含發散場？何者包含旋轉場？含有旋場者之旋度應為若干？

：

$$\nabla \cdot \vec{A} = (\frac{\partial}{\partial x}\vec{a}_x + \frac{\partial}{\partial y}\vec{a}_y + \frac{\partial}{\partial z}\vec{a}_z) \cdot (xy\vec{a}_x + yz\vec{a}_y + xz\vec{a}_z)$$

$$= y + x + z \text{：包含發散場}$$

$$\nabla \cdot \vec{B} = (\frac{\partial}{\partial x}\vec{a}_x + \frac{\partial}{\partial y}\vec{a}_y + \frac{\partial}{\partial z}\vec{a}_z) \cdot (yz\vec{a}_x + xz\vec{a}_y + xy\vec{a}_z)$$

$$= 0 + 0 + 0 = 0 \text{：不包含發散場}$$

$$\nabla \times \vec{A} = \begin{vmatrix} \vec{a}_x & \vec{a}_y & \vec{a}_z \\ \frac{\partial}{\partial x} & \frac{\partial}{\partial y} & \frac{\partial}{\partial z} \\ xy & yz & xz \end{vmatrix} = -y\vec{a}_x - z\vec{a}_y - x\vec{a}_z \text{：包含旋轉場}$$

$$\nabla \times \vec{B} = \begin{vmatrix} \vec{i} & \vec{j} & \vec{k} \\ \frac{\partial}{\partial x} & \frac{\partial}{\partial y} & \frac{\partial}{\partial z} \\ yz & xz & xy \end{vmatrix} = 0\vec{a}_x + 0\vec{a}_y + 0\vec{a}_z \text{：不包含旋轉場}$$

2. 有一向量場 $\vec{E} = (yz - 2x)\vec{a}_x + xz\vec{a}_y + xy\vec{a}_z$，試問此場可否為一靜電場？並求此電場內的電荷分佈。

：

代入靜電場測試方式為 $\nabla \times \vec{E}$，

$$\nabla \times \vec{E} = \begin{vmatrix} \vec{a}_x & \vec{a}_y & \vec{a}_z \\ \frac{\partial}{\partial x} & \frac{\partial}{\partial y} & \frac{\partial}{\partial z} \\ yz - 2x & xz & xy \end{vmatrix} = 0\vec{a}_x + 0\vec{a}_y + 0\vec{a}_z \text{，因此為靜電場。}$$

由 $\nabla \cdot \vec{E} = \dfrac{\rho}{\varepsilon_0}$ 公式，

$$\nabla \cdot \vec{E} == \dfrac{\rho}{\varepsilon_0} = \nabla \cdot [(yz - 2x)\vec{a}_x + xz\vec{a}_y + xy\vec{a}_z] = -2 + 0 + 0 = -2$$

所以 $\rho = -2\varepsilon_0$。

3. 求 R 及 $\dfrac{1}{R}$ 的梯度

$$(\vec{R} = x\vec{a}_x + y\vec{a}_y + z\vec{a}_z , R = \sqrt{x^2 + y^2 + z^2}) : (\nabla R , \nabla \dfrac{1}{R})$$

解：

(1)

$$\nabla R = (\dfrac{\partial R}{\partial x}\vec{a}_x + \dfrac{\partial R}{\partial y}\vec{a}_y + \dfrac{\partial R}{\partial z}\vec{a}_z)$$

$$= (\dfrac{\partial \sqrt{x^2 + y^2 + z^2}}{\partial x}\vec{a}_x + \dfrac{\partial \sqrt{x^2 + y^2 + z^2}}{\partial y}\vec{a}_y + \dfrac{\partial \sqrt{x^2 + y^2 + z^2}}{\partial z}\vec{a}_z)$$

$$= (\dfrac{x}{\sqrt{x^2 + y^2 + z^2}}\vec{a}_x + \dfrac{y}{\sqrt{x^2 + y^2 + z^2}}\vec{a}_y + \dfrac{z}{\sqrt{x^2 + y^2 + z^2}}\vec{a}_z)$$

(2)

$$\nabla \dfrac{1}{R} = (\dfrac{\partial R}{\partial x}\vec{a}_x + \dfrac{\partial R}{\partial y}\vec{a}_y + \dfrac{\partial R}{\partial z}\vec{a}_z)$$

$$= (\dfrac{\partial \frac{1}{\sqrt{x^2 + y^2 + z^2}}}{\partial x}\vec{a}_x + \dfrac{\partial \frac{1}{\sqrt{x^2 + y^2 + z^2}}}{\partial y}\vec{a}_y + \dfrac{\partial \frac{1}{\sqrt{x^2 + y^2 + z^2}}}{\partial z}\vec{a}_z)$$

$$= (\dfrac{-x}{\sqrt{(x^2 + y^2 + z^2)^3}}\vec{a}_x + \dfrac{-x}{\sqrt{(x^2 + y^2 + z^2)^3}}\vec{a}_y + \dfrac{-x}{\sqrt{(x^2 + y^2 + z^2)^3}}\vec{a}_z)$$

Unit **12-2**

庫倫定律

1. 如圖所示，求 Q_1 及 Q_2 對 Q_3 所產生的合力大小。

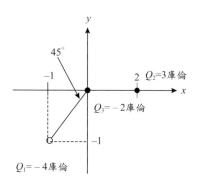

解：

$$\vec{F}_{23} = \frac{(-2)(3)}{4\pi\varepsilon_0(2)^2}(-\vec{a}_x) = \frac{1}{4\pi\varepsilon_0} \cdot \frac{3}{2}\vec{a}_x \quad ,$$

$$\vec{F}_{13}\,/\!/ = \frac{(-4)(-2)}{4\pi\varepsilon_0(\sqrt{2})^2}\cos 45°(\vec{a}_x) = \frac{1}{4\pi\varepsilon_0} \cdot 2\sqrt{2}\vec{a}_x \quad ,$$

$$\vec{F}_{13}\perp = \frac{(-4)(-2)}{4\pi\varepsilon_0(\sqrt{2})^2}\sin 45°(\vec{a}_y) = \frac{1}{4\pi\varepsilon_0} \cdot 2\sqrt{2}\vec{a}_y \quad 。$$

所以 $\vec{a}_x$ 方向為 $\dfrac{1}{4\pi\varepsilon_0}\left[\dfrac{3}{2} + 2\sqrt{2}\right]$ ，$\vec{a}_y$ 方向為 $\dfrac{1}{4\pi\varepsilon_0}[2\sqrt{2}]$ ，

合力為 $\vec{F} = \left[\dfrac{1}{4\pi\varepsilon_0}\left(\dfrac{3}{2} + 2\sqrt{2}\right)\right]\vec{a}_x + \left[\dfrac{1}{4\pi\varepsilon_0}\left(2\sqrt{2}\right)\right]\vec{a}_y$ 。

2. 有兩正點電荷 (unit positive point charge) 分別固定於平面座標 $(1,0)$ 及 $(-1,0)$ 處，另有兩負點電荷置於同一平面之兩點，使此兩負電荷固定不動，求此兩點之位置，如果將負電荷移去一個，說明所發生的現象及理由。

解：

假設另外兩個負電荷的位置為 y_1 及 $-y_2$，如圖所示，合力應為零。

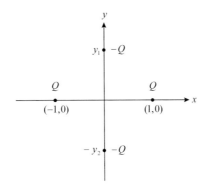

此時 x 軸合力為零，只有 y 軸之分力存在。因此

$$\frac{-Q^2}{1+y_1^2} \cdot \frac{y_1}{\sqrt{1+y_1^2}} + \frac{-Q^2}{1+y_1^2} \cdot \frac{y_1}{\sqrt{1+y_1^2}} + \frac{Q^2}{(y_1+y_2)^2} = 0 \qquad (1)$$

$$\frac{-Q^2}{1+y_2^2} \cdot \frac{y_2}{\sqrt{1+y_2^2}} + \frac{-Q^2}{1+y_2^2} \cdot \frac{y_2}{\sqrt{1+y_2^2}} + \frac{Q^2}{(y_1+y_2)^2} = 0 \qquad (2)$$

解聯立方程組 (1) 式及 (2) 式，得到 $y_1 = y_2 = \dfrac{\sqrt{3}}{3}$ 。

如果將負電荷移去一個，剩下的另一個負電荷會在 y_1 及 y_2 來回運動以維持系統的平衡。

3. 如圖所示，面積為 A 之兩平行金屬板，距離為 d，其間填充兩層介電物質，介電率分別為 ε_1 及 ε_2。介電質厚度 t，其餘為介電率 ε_2 之介電質，兩平行板間接 V_o 之電壓源，求金屬板之表面電荷密度。

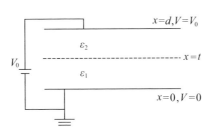

解 :

$$\rho_s = \frac{Q}{A} = \frac{CA_0}{A} = \frac{V_0}{\dfrac{t}{\varepsilon_1} + \dfrac{d-t}{\varepsilon_2}}$$

4. 等邊三角形之各頂點，放置三個等量的正 Q 電荷，求對任一電荷之作用力。

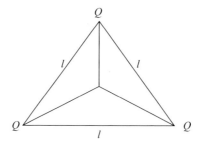

解：如下圖所示，$\vec{F}_1 = \dfrac{Q^2}{4\pi\varepsilon_0 l^2}$ ， $\vec{F}_2 = \dfrac{Q^2}{4\pi\varepsilon_0 l^2}$ ，

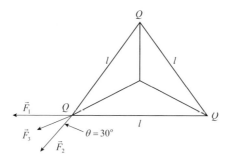

合力為 $\vec{F} = \vec{F}_2\cos 30^\circ + \vec{F}_2\cos 30^\circ + \vec{F}_1 = \dfrac{Q^2}{4\pi\varepsilon_0 l^2} \cdot \dfrac{\sqrt{3}}{2}\,\vec{a}_y + \dfrac{Q^2}{4\pi\varepsilon_0 l^2} + \dfrac{\sqrt{3}}{2}\,\vec{a}_x = \dfrac{\sqrt{3}Q^2}{4\pi\varepsilon_0 l^2}\,\vec{a}_x$

5. 如圖所示，有 R_1 與 R_2 不同半徑二個金屬球 $(R_1 < R_2)$，二者用很細的金屬線連接，通入總數 Q 之電荷在二球上，求二球各帶多少電荷。

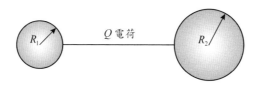

：

假設 R_1 與 R_2 上的電荷分別為 Q_1 與 Q_2，則

$$Q = Q_1 + Q_2 \tag{1}$$

連接後為等電位，因此

$$V_1 = V_2 \Rightarrow \frac{Q_1}{4\pi\varepsilon_0 R_1} = \frac{Q_2}{4\pi\varepsilon_0 R_2} \tag{2}$$

解 (1) 式和 (2) 式聯立方程組，可以得到：

$$Q_1 = \frac{R_1 Q}{R_1 + R_2} \quad , \quad Q_2 = \frac{R_2 Q}{R_1 + R_2}$$

6. 有 A，B 兩絕緣金屬球，相距 1 米， 球之半徑為 0.01 米，帶電量為 12×10^{-9} 庫侖，B 球之半徑為 0.1 米不帶電。將兩球以一金屬導線相聯接，求 A 與 B 兩球相聯接後的電荷分佈情形 (設導線很細，其上的電荷可以不計)。

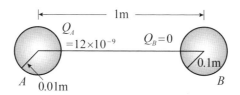

解：

假設 R_1 與 R_2 上的電荷分別為 Q_A 與 Q_B，則

$$Q = Q_A + Q_B = 12 \times 10^{-9} \tag{1}$$

連接後為等電位，因此 $V_1 = V_2 \Rightarrow \dfrac{Q_A}{4\pi\varepsilon_0 R_A} = \dfrac{Q_B}{4\pi\varepsilon_0 R_B} \Rightarrow \dfrac{Q_A}{R_A} = \dfrac{Q_B}{R_B}$ ，

得到

$$\frac{Q_A}{0.01} = \frac{Q_B}{0.1} \tag{2}$$

解 (1) 式和 (2) 式聯立方程組，可以得到：$Q_A = 1.09 \times 10^{-9}$ 庫侖，

$Q_B = 1.091 \times 10^{-8}$ 庫侖。

7. 在空間任意點 P 之電位為 $V = \dfrac{qe^{\frac{-R}{a}}}{4\pi\varepsilon_0 R}$ ，其中 R 為原點至 P 點的距離，

a 為常數，並且 $R >> a$，試問此電位為何種空間電荷分佈所造成，電荷總量為多少。

解 :

由 $\nabla^2 V = \dfrac{-\rho}{\varepsilon_0}$ 得到

$$\rho = -\varepsilon_0 \nabla^2 V = -\varepsilon_0 \nabla \left(\frac{\partial\left(\frac{qe^{\frac{-R}{a}}}{4\pi\varepsilon_0 R}\right)}{\partial R}\vec{a}_R + \frac{1}{r}\frac{\partial\left(\frac{qe^{\frac{-R}{a}}}{4\pi\varepsilon_0 R}\right)}{\partial\phi}\vec{a}_\phi + \frac{\partial\left(\frac{qe^{\frac{-R}{a}}}{4\pi\varepsilon_0 R}\right)}{\partial z}\vec{a}_z \right)$$

$$= \varepsilon_0 \nabla \left(\frac{\left(\frac{r}{a}+1\right)qe^{\frac{-R}{a}}}{4\pi\varepsilon_0 R^2}\vec{a}_r + 0\vec{a}_\phi + 0\vec{a}_z \right) = \varepsilon_0 \frac{d}{dR}\left(\frac{\left(\frac{R}{a}+1\right)qe^{\frac{-R}{a}}}{4\pi\varepsilon_0 R^2}\vec{a}_R \right)$$

$$= \frac{-qe^{\frac{-R}{a}}}{4\pi a^2 R}\vec{a}_R$$

當 $R \to 0$ 時，

$$V = \lim_{R\to 0}\frac{-qe^{\frac{-R}{a}}}{4\pi a^2 R} = \lim_{R\to 0}\frac{\frac{1}{a}qe^{\frac{-R}{a}}}{4\pi a^2} = \frac{\frac{1}{a}q}{4\pi a^2} = \frac{q}{4\pi a^3} \text{ (L'hospital 原理)}$$

而總電荷為

$$Q = \int \rho dv = \int_0^\infty \frac{qe^{\frac{-R}{a}}}{4\pi a^2 R} \cdot 4\pi R dR = q(1 - \frac{1}{a^2} \int_0^\infty r e^{\frac{-R}{a}} dR)$$

$$= q\left(1 - \frac{1}{a^2} \times \frac{1}{(\frac{1}{a})^2} \Gamma(2)\right) = q(1-1) = 0$$

8. 假設在一接地導體球之右側有一電荷 Q 與球心相距 d，球之半徑為 a，試證球感應而產生之電荷密度為 $\rho = \dfrac{-Q(d^2 - a^2)}{4\pi a(a^2 + d^2 - 2ad\cos\theta)^{3/2}}$。

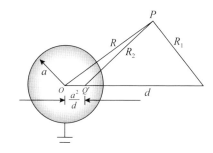

解：

利用影像法，在距離球心 $\dfrac{a^2}{d}$ 處產生影像電荷 $Q' = \dfrac{-a}{d} Q$，得到

$$V = \frac{1}{4\pi\varepsilon_0}\left(\frac{Q}{R_1} - \frac{aQ}{Rr_2}\right) \qquad (1)$$

利用餘弦定理化簡 R_1，R_2 與 R 的關係，

$$R_1^2 = (R^2 + d^2 - 2Rd\cos\theta) \text{，}$$

$$R_2^2 = \left(R^2 + (\frac{a^2}{d})^2 + 2R(\frac{a^2}{d})\cos\theta\right)$$

代入 (1) 式中，化簡成

$$V = \frac{Q}{4\pi\varepsilon_0} \left(\frac{1}{(R^2 + d^2 - 2Rd\cos\theta)^{\frac{1}{2}}} - \frac{\dfrac{a}{d}}{\left(R^2 + \left(\dfrac{a^2}{d}\right)^2 - 2R\left(\dfrac{a^2}{d}\right)\cos\theta\right)^{\frac{1}{2}}} \right) \quad (2)$$

接者以 $\vec{E} = -\nabla V$ 的方式，在圓球座標下，

$$\vec{E} = -\nabla V = -\left(\frac{1}{1}\frac{\partial V}{\partial R}\vec{a}_R + \frac{1}{R}\frac{\partial V}{\partial \theta}\vec{a}_\theta + \frac{1}{R\sin\theta}\frac{\partial V}{\partial \phi}\vec{a}_\phi \right) \text{，得到}$$

$$\vec{E} = \frac{Q}{4\pi\varepsilon_0} \left(\frac{R - d\cos\theta}{(R^2 + d^2 - 2Rd\cos\theta)^{\frac{3}{2}}}\vec{a}_R - \frac{\dfrac{a}{d}(R - \dfrac{a^2}{d}\cos\theta)}{\left(R^2 + \left(\dfrac{a^2}{d}\right)^2 - 2R\left(\dfrac{a^2}{d}\right)\cos\theta\right)^{\frac{3}{2}}}\vec{a}_\theta \right) \quad (3)$$

經由高斯定律 $\oint \vec{E} \cdot dS = \dfrac{Q}{\varepsilon_0}$ 得到

$$4\pi a^2 \vec{E}\big|_{r=a} = \frac{Q}{\varepsilon_0} = \frac{4\pi a^2 \rho}{\varepsilon_0} \quad (4)$$

由 (4) 式中，$E\big|_{r=a} = \dfrac{\rho}{\varepsilon_0}$ ，整理得到

$$\rho = \varepsilon_0 \vec{E}\big|_{R=a} \quad (5)$$

將 (3) 式以 $R = a$ 代入，並且代入 (5) 式中，可以得到

$$\rho = \varepsilon_0 \vec{E}\big|_{R=a} = \frac{Q}{4\pi\varepsilon_0} \left(\frac{\left(a - \dfrac{d^2}{a}\right)}{(a^2 + d^2 - 2ad\cos\theta)^{\frac{3}{2}}} \right) = \frac{-Q(d^2 - a^2)}{4\pi a(a^2 + d^2 - 2ad\cos\theta)^{3/2}}$$

圖解電磁學

1. 在靜電系統中，$\nabla \times \vec{E} = 0$，表示電場 $\vec{E}$ 的旋度為零，此公式的物理意義為何？如果電場 $\vec{E}$ 變成隨時間變化的場，則在非靜電系統中，此公式是否依然存在？此時電場旋度的正確表示法為何？

    解：

    $\nabla \times \vec{E} = 0$ 代表電場是發散而不旋轉，如果變成隨時間變化的場，

    正確表示法為 $\nabla \times \vec{E} = -\dfrac{\partial \vec{B}}{\partial t}$ 。

2. 為何在靜電場中，電場可由一電位求得，求電場與電位間的關係式及此電位所滿足的方程式。

    解：

    在靜電場中電場為電位的梯度，因此可以使用梯度表示電場和電位的關係為 $\vec{E} = -\nabla V$。此外，由 $\nabla \cdot \vec{E} = \dfrac{\rho}{\varepsilon_0}$ 中，代入 $\vec{E} = -\nabla V$ 中得

    到 $\nabla \cdot (-\nabla V) = \dfrac{\rho}{\varepsilon_0}$，化簡成 $\nabla^2 V = \dfrac{\rho}{\varepsilon_0}$，即為電位所滿足的方程式。

3. 請寫出電場的邊界條件。

    解：

    電場垂直介質界面時：$\varepsilon_1 \vec{E}_{1n} = \varepsilon_2 \vec{E}_{2n}$。

    電場平行介質界面時：$\vec{E}_{1t} = \vec{E}_{2n}$。

4. 有一固定電壓加於平板電容器的兩導電平面,說明介質中的電場強度 $\vec{E}$ 和電通密度 $\vec{D}$ 是否與介電率 (permittivity) 有關。

(解):

　　由公式:平板電容器之電場 $\vec{E} = \dfrac{V}{d}$ 與介電率無關。

　　而電通密度 $\vec{E} = \varepsilon\vec{E}$ 與介電率成正比。

5. 良導電體的相對介電率多少,請說明理由。

(解):

　　由公式: $\vec{D} = \varepsilon_0\vec{E} + \vec{P} = \varepsilon_0\vec{E}$,而良導電體的電子為自由電子, $\vec{P}$

　　$\vec{P} = 0$。因此 $\vec{D} = \varepsilon_0\vec{E}$,此時 $\chi_e = 0$, $\varepsilon_r = 1$。

6. 三個點電荷位於 Z 一軸上,其中負電荷 $-2Q$ 位於原點,另兩個正電荷 $+Q$ 分別位於 $z = d$ 及 $z = -d$。試求在距離原點甚遠之 z 一軸上任意點 $(0,0,z)$ 之電場強度,亦求電場強度 $\vec{E}$ 與 d 及 z 之關係,而 $z >> d$。

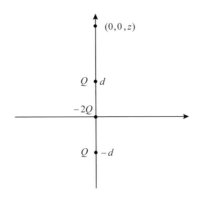

(解):

　　利用電場公式:

$$\vec{E}_1 = \frac{Q}{4\pi\varepsilon_0(z+d)^2}\vec{a}_z \ , \ \vec{E}_2 = \frac{-2Q}{4\pi\varepsilon_0 z^2}\vec{a}_z \ , \ \vec{E}_3 = \frac{Q}{4\pi\varepsilon_0(z-d)^2}\vec{a}_z \ , \ \text{所以}$$

$$\vec{E} = \vec{E}_1 + \vec{E}_2 + \vec{E}_3 = \frac{Q}{4\pi\varepsilon_0}[\frac{1}{(z+d)^2} - \frac{2}{z^2} + \frac{1}{(z-d)^2}]\vec{a}_z = \frac{Q}{4\pi\varepsilon_0}[(1+\frac{d}{z})^{-2}2 + (1-\frac{d}{z})^{-2}]\vec{a}_z$$

利用二項式展開 ($\frac{d}{z} << 1$)，可以得到

$$\vec{E} \approx \frac{Q}{4\pi\varepsilon_0}[1-2(\frac{d}{z})+3(\frac{d}{z})^2 - 2 + 1 - 2(\frac{-d}{z})+3(\frac{-d}{z})^2]\vec{a}_z = \frac{3Qd^2}{2\pi\varepsilon_0 z^4}\vec{a}_z$$

7. 有一系統，$Q_1 = 8$ 庫侖，$Q_2 = -4$ 庫侖，位置分別為 $(0,0,3)$、$(0,3,0)$，求此系統在點 $(4,0,0)$ 之電場。

解 :

利用電場公式： $\vec{E} = \frac{Q}{4\pi\varepsilon_0 R^2}\vec{a}_R$ ， $R = \sqrt{x^2 + y^2 + z^2}$ ， $\vec{a}_R = \frac{\vec{R}_2 - \vec{R}_1}{|\vec{R}_2 - \vec{R}_1|}$ 。

所以

$$\vec{E}_1 = \frac{8}{4\pi\varepsilon_0} \cdot \frac{(4-0)\vec{a}_x + (0-0)\vec{a}_y + (0-3)\vec{a}_z}{[(4-0)^2 + (0-0)^2 + (0-3)^2]^{\frac{3}{2}}} = \frac{8}{4\pi\varepsilon_0} \cdot \frac{4\vec{a}_x - 3\vec{a}_z}{125} = \frac{2}{125\pi\varepsilon_0}(4\vec{a}_x - 3\vec{a}_z)$$

$$\vec{E}_2 = \frac{-4}{4\pi\varepsilon_0} \cdot \frac{(4-0)\vec{a}_x + (0-3)\vec{a}_y + (0-0)\vec{a}_z}{[(4-0)^2 + (0-3)^2 + (0-0)^2]^{\frac{3}{2}}} = \frac{-4}{4\pi\varepsilon_0} \cdot \frac{4\vec{a}_x - 3\vec{a}_y}{125} = \frac{-1}{125\pi\varepsilon_0}(4\vec{a}_x - 3\vec{a}_y)$$

8. 二平行板間之電荷密度為 $\rho(y) = \rho_0 y$，又假設 $y = 0$ 時 $V = 0$，$y = d$ 時 $V = V_1$，求電場 $\vec{E}$。

:

利用拉普拉斯方程式 $\nabla^2 V = -\dfrac{\rho_0}{\varepsilon_0}y$ 解出電位後，再利用 $\vec{E} = -\nabla V$

解出電場。方程式為 $\dfrac{d^2 V}{dy} = -\dfrac{\rho_0}{\varepsilon_0}y$ ，解為

$$V = \frac{-1}{6}\frac{\rho_0}{\varepsilon_0}y^3 + Ay + B \qquad (1)$$

代入邊界條件：$y = 0$ 時 $V = 0$，$y = d$ 時 $V = V_1$，得到解為

$$V = \frac{-1}{6}\frac{\rho_0}{\varepsilon_0}y^3 + (\frac{\rho_0}{6\varepsilon_0}d^2 + \frac{V_1}{d})y \qquad (2)$$

對 (2) 式取負梯度，

$$\vec{E} - -\nabla V = \dfrac{\partial\left(\dfrac{-1}{6}\dfrac{\rho_0}{\varepsilon_0}y^3 + \left(\dfrac{\rho_0}{6\varepsilon_0}d^2 + \dfrac{V_1}{d}\right)y\right)}{\partial y}\vec{a}_z - \left[\frac{1}{2}\frac{\rho_0}{\varepsilon_0}y^2 - \left(\frac{\rho_0}{6\varepsilon_0}d^2 + \frac{V_1}{d}\right)\right]\vec{a}_z$$

9. 一端在原點的一條長 l 之細玻璃棒，放置 x 軸方向使電荷均勻著沿著棒分佈，試求 x 軸方向的任何一點之電場強度。

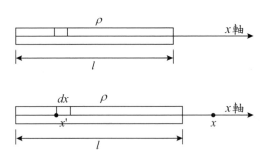

:

假設電荷密度為 ρ，將玻璃棒切割成許多小段，並且以微積分的觀念分析，則微小長度的電荷為 $dQ = \rho dx'$，因此電位值為

$$dV = \frac{\rho dx'}{4\pi\varepsilon_0(x-x')} \tag{1}$$

對 (1) 式積分得到電位之值

$$V = \int dV = \int_0^l \frac{\rho dx'}{4\pi\varepsilon_0(x-x')} = \frac{\rho}{4\pi\varepsilon_0}[-\ln(x-x')]\Big|_0^l = \frac{\rho}{4\pi\varepsilon_0}\ln(\frac{x}{x-l}) \tag{2}$$

利用 $\vec{E} = -\nabla V$ 的方式，在直角座標下，得到

$$\vec{E} = -\nabla V = -\nabla\left(\frac{\rho}{4\pi\varepsilon_0}\ln(\frac{x}{x-l})\right)\vec{a}_x = \frac{\rho}{4\pi\varepsilon_0}(\frac{1}{x-l} - \frac{1}{x})\vec{a}_x$$

10. 假設自由空間中的電位 (V) 分佈為：$V = -\frac{x^2}{2} - \frac{y^2}{2} + z - \frac{z^3}{3}$，求電場強度 $\vec{E}$ 的分佈。

解：

由於 $\vec{E} = -\nabla V = -\nabla(-\frac{x^2}{2} - \frac{y^2}{2} + z - \frac{z^3}{3}) = x\vec{a}_x + y\vec{a}_y(z^2-1)\vec{a}_z$

11. 如圖所示，一平行板電容器，每片的面積為 2m^2，每片的電荷為 3.54×10^{-5} 庫侖，介質 A 的厚度為 $2\times10^{-3}\text{m}$，相對介電常數為 5，介質 B 的厚度為 $3\times10^{-3}\text{m}$，相對介電常數為 2，求介質 A 及 B 中之電場強度。

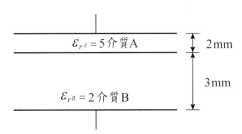

解：

利用平板電場之觀念，得到

$$\vec{E}_A = \frac{\rho}{\varepsilon_A} \ , \ \vec{E}_B = \frac{\rho}{\varepsilon_B} \ ，代入已給之數值，所以$$

$$\vec{E}_A = \frac{\dfrac{3.54 \times 10^{-5}}{2}}{5\varepsilon_0} = \frac{3.54 \times 10^{-4}}{\varepsilon_0} \ , \ \vec{E}_B = \frac{\dfrac{3.54 \times 10^{-5}}{2}}{2\varepsilon_0} = \frac{3.54 \times 10^{-5}}{4\varepsilon_0}$$

12. 如圖所示，在無限大平面的電荷密度為 ρ ，求 Z 軸上之一點的電場強度 $\vec{E}$ 的大小。

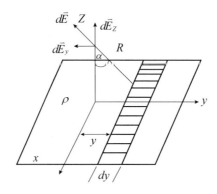

解：

由圖二中可知 $dE = \dfrac{\rho dy}{2\pi\varepsilon_0 R}\vec{a}_R$ ，而 $d\vec{E}$ 對 Z 軸而言，可以分解成 $d\vec{E}_z$ 及 $d\vec{E}_y$ 兩個分量，其中 $d\vec{E}_y$ 會相互抵銷，故只剩下 $d\vec{E}_z$ 的分量。

所以 $d\vec{E}_z = \dfrac{\rho dy}{2\pi\varepsilon_0 R}\cos\alpha \, \vec{a}_z = \dfrac{\rho dy}{2\pi\varepsilon_0 R}\cdot\dfrac{z}{R}\vec{a}_z$

再代入 $|R| = \sqrt{y^2 + z^2}$ ，所以 $d\vec{E}_z = \dfrac{\rho z dy}{2\pi\varepsilon_0 (y^2 + z^2)}\vec{a}_z$ ，積分

$$\vec{E}_z = \int_{-\infty}^{\infty} d\vec{E}_z = \int_{-\infty}^{\infty} \frac{\rho z dy}{2\pi\varepsilon_0 (y^2 + z^2)}\vec{a}_z \quad ，得到$$

$$\vec{E}_z = \frac{\rho}{2\pi\varepsilon_0} \tan^{-1}\frac{y}{z}\bigg|_{-\infty}^{\infty} \vec{a}_z = \frac{\rho}{2\pi\varepsilon_0}\left[\frac{\pi}{2} - \left(\frac{-\pi}{2}\right)\right]\vec{a}_z = \frac{\rho}{2\varepsilon_0}\vec{a}_z$$

因此一無限大平面電荷外一點的電場公式為 $\vec{E} = \dfrac{\rho}{2\varepsilon_0}\vec{a}_n$（$\vec{a}_n$為法線方向）。

13. 如圖所示，兩平行面之距離為 d，電荷密度為 $\pm\rho$，求兩平板間的電場強度 $\vec{E}$。

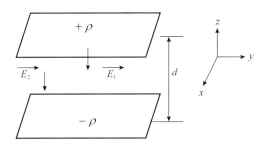

145

解：

利用 前題的結果

在內部：$\vec{E} = \vec{E}_1 + \vec{E}_2 = \dfrac{\rho}{2\varepsilon_0}\vec{a}_z + \dfrac{\rho}{2\varepsilon_0}\vec{a}_z = \dfrac{\rho}{\varepsilon_0}\vec{a}_z$。在外部：$\vec{E} = 0$。

14. 真空中有一半徑為 r 長度為 l 的圓柱，軸心位於圓柱座標之 z 軸，設此圓柱上各點分布有一均勻的極化向量 $\vec{P} = P_0\vec{a}_z$，試求極化體電荷及面電荷密度之分佈，以及 z 軸上各點之電場強度與電通密度。

解：

利用 $\vec{E} = \dfrac{\rho}{2\varepsilon_0}\left(1 - \dfrac{z}{\sqrt{z^2 + a^2}}\right)\vec{a}_z$ 的公式，在

(1) $\dfrac{-l}{2} < z < \dfrac{l}{2}$ 處： $\vec{E}_{上} = \dfrac{P_0}{2\varepsilon_0}\left(1 - \dfrac{\left(\dfrac{l}{2} + z\right)}{\sqrt{\left(\dfrac{l}{2} + z\right)^2 + a^2}}\right)\vec{a}_z$ ，

$$\vec{E}_{下} = \dfrac{P_0}{2\varepsilon_0}\left(1 - \dfrac{\left(\dfrac{l}{2} - z\right)}{\sqrt{\left(\dfrac{l}{2} - z\right)^2 + a^2}}\right)\vec{a}_z$$

得到 $\vec{E} = \vec{E}_{上} + \vec{E}_{下} = \dfrac{P_0}{2\varepsilon_0}\left(2 - \dfrac{\left(\dfrac{l}{2} + z\right)}{\sqrt{\left(\dfrac{l}{2} + z\right)^2 + a^2}} - \dfrac{\left(\dfrac{l}{2} - z\right)}{\sqrt{\left(\dfrac{l}{2} - z\right)^2 + a^2}}\right)\vec{a}_z$ ，

$$\vec{D} = (\varepsilon_0\vec{E} + P_0)\vec{a}_z$$

(2) $z < \dfrac{-l}{2}$ 及 $z > \dfrac{l}{2}$ 處：

$$\vec{E} = \dfrac{P_0}{2\varepsilon_0}\left(\dfrac{\left(\dfrac{l}{2} + z\right)}{\sqrt{\left(\dfrac{l}{2} + z\right)^2 + a^2}} + \dfrac{\left(\dfrac{l}{2} - z\right)}{\sqrt{\left(\dfrac{l}{2} - z\right)^2 + a^2}}\right)\vec{a}_z \ , \quad \vec{D} = \varepsilon_0\vec{E}\vec{a}_z$$

15. 如圖所示，環狀線電荷之半徑為 a，電荷密度為 ρ，求在中心軸 (z 軸)
上的電場強度 $\vec{E}$ 的大小，並求出其電場的極大值位於何處？

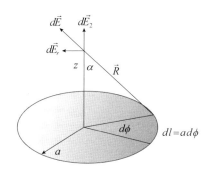

147

解：

(1) $dQ = dl\rho = a\rho d\phi$ 及 $d\vec{E} = \dfrac{dQ}{4\pi\varepsilon_0 R^2}\vec{a}_R = \dfrac{a\rho d\phi}{4\pi\varepsilon_0(a^2+z^2)}\vec{a}_R$

又 $d\vec{E}$ 可以分解成 $d\vec{E}_r$ 及 $d\vec{E}_z$ 兩個分量，其中 $d\vec{E}_r$ 會相互抵銷，

因此只剩下 $d\vec{E}_z$ 存在。

所以 $d\vec{E}_z = d\vec{E}\cos\alpha = \dfrac{a\rho\phi}{4\pi\varepsilon_0(a^2+z^2)}\cdot\dfrac{z}{\sqrt{a^2+z^2}}\vec{a}_z$

代入

$\vec{E}_z = \displaystyle\int_0^{2\pi} dEz = \int_0^{2\pi}\dfrac{a\rho z d\phi}{4\pi\varepsilon_0(a^2+z^2)^{3/2}}\vec{a}_z = \dfrac{a\rho z}{4\pi\varepsilon_0(a^2+z^2)^{3/2}}\int_0^{2\pi} d\phi\,\vec{a}_z$

$\vec{E}_z = \dfrac{a\rho z}{4\pi\varepsilon_0(a^2+z^2)^{3/2}}\cdot 2\pi\vec{a}_z = \dfrac{a\rho z}{2\varepsilon_0(a^2+z^2)^{3/2}}\vec{a}_z$

(2) 對電場的微分得到

$\dfrac{d\vec{E}_z}{dz} = \dfrac{d}{dz}[\dfrac{a\rho z}{2\varepsilon_0}(a^2+z^2)^{-\frac{3}{2}}] = \dfrac{a\rho}{2\varepsilon_0(a^2+z^2)^{3/2}} - \dfrac{3}{2}\dfrac{a\rho z}{2\varepsilon_0(a^2+z^2)^{5/2}}$

$= \dfrac{a\rho(a^2+z^2)-3a\rho z^2}{2\varepsilon_0(a^2+z^2)^{5/2}} = 0$

上式中要分子為 0，才可以成立，因此 $a\rho(a^2+z^2) - 3a\rho z^2 = 0$

化簡得到 $(a^2+z^2) - 3z^2 = 0$，求出 $a^2 - 2z^2 = 0 \Rightarrow z = \pm\dfrac{\sqrt{2}}{2}a$

因此在 $z = \pm\dfrac{\sqrt{2}}{2}a$ 處，電場為極大值。

16. 一圓盤半徑為 a，上有電荷 Q，求距離中心 z 處之 p 點之電場強度。

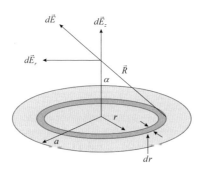

解：

由 $dQ = \rho r dr d\phi$ 及 $R = \sqrt{r^2 + z^2}$，代入電場公式 $dE = \dfrac{dQ}{4\pi\varepsilon_0 R^2}$ 中，

但由圖形中得知，$d\vec{E}$ 可以分成 $d\vec{E_r}$ 及 $d\vec{E_z}$ 兩個方向，其中 $d\vec{E_r}$ 抵銷，

所以只剩下 $d\vec{E_z}$ 存在。

因此 $d\vec{E_z} = d\vec{E}\cos\alpha = \dfrac{r dr d\phi \rho}{4\pi\varepsilon_0 R^2} \cdot \dfrac{z}{\sqrt{r^2 + z^2}}\vec{a_z}$。

積分 $\vec{E_z} = \displaystyle\int d\vec{E_z} = \int_0^{2\pi}\int_0^a \dfrac{r dr d\phi \rho z}{4\pi\varepsilon_0(r^2 + z^2)^{3/2}} = \dfrac{\rho z}{2\varepsilon_0}\dfrac{-1}{(r^2 + z^2)^{1/2}}\bigg|_0^a$

所以 $\vec{E_z} = \dfrac{\rho z}{2\varepsilon_0}[\dfrac{1}{z} - \dfrac{1}{(a^2 + z^2)^{1/2}}](\vec{a_z})$。

17. 如圖所示，一對拉長之平行圓柱形導體，半徑分別為 a 與 b，二軸相距為 s，假設 $s >> a$，$s >> b$，Q 為單位長度所帶之電荷，求 P 點之電場強度 (因 $s >> a$ 與 b，該線可視為一無限長平行細線)。

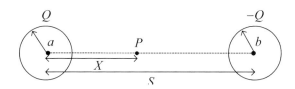

解：

已知 $\vec{E} = \dfrac{Q}{2\pi\varepsilon_o r}\vec{a}_r$，因此 $\vec{E}_1 = \dfrac{Q}{2\pi\varepsilon_o x}\vec{a}_r$，$\vec{E}_2 = \dfrac{-Q}{2\pi\varepsilon_o(s-x)}\vec{a}_r$。

總電場為： $\vec{E} = \vec{E}_1 - \vec{E}_2 = \dfrac{Q}{2\pi\varepsilon_o}\left(\dfrac{1}{x} + \dfrac{1}{(s-x)}\right)\vec{a}_r$。

18. 如圖所示，在一無限長的同軸電線內，維持直流電壓 V 及直流電流 I，如果導體及介質 (μ, ε) 為無損，求在同軸電線內之電場 $\vec{E}$。

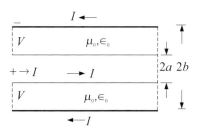

解：

利用高斯定律 $\oint \vec{E} \cdot dS = \dfrac{Q}{\varepsilon_0}$，得到

$$\vec{E} = \dfrac{Q}{2\pi\varepsilon_0 r}\vec{a}_r \qquad (1)$$

$$V = \int_a^b \vec{E} \cdot dr = \int_a^b \frac{Q}{2\pi\varepsilon_0 r}\,dr = \frac{Q}{2\pi\varepsilon_0}\ln\frac{b}{a} \tag{2}$$

由 (1) 式及 (2) 式得到： $\vec{E} = \dfrac{V}{r\ln\dfrac{b}{a}}\,\vec{a}_r$

19. 在電荷均勻分佈之下，求三個圖的電場。

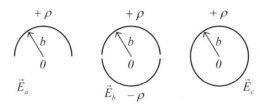

解：

利用圓柱座標電場公式 $dQ = \rho b\,d\phi$ ， $d\vec{E} = \dfrac{\rho b\,d\phi}{4\pi\varepsilon_0 b^2}\,\vec{a}_r$ ，

$$d\vec{E}_y = d\vec{E}\sin\phi(-\vec{a}_y) = \frac{\rho b\,d\phi}{4\pi\varepsilon_0 b^2}\sin\phi(-\vec{a}_y) \ , \quad \vec{E}_y = \int \frac{-\rho\,d\phi}{4\pi\varepsilon_0}\sin\phi(\vec{a}_y) \ 。$$

得到

(1) $0 < \phi < \pi$ ： $\vec{E}_a = \displaystyle\int_0^\pi \frac{-\rho\,d\phi}{4\pi\varepsilon_0 b}\sin\phi(\vec{a}_y) = \frac{\rho}{4\pi\varepsilon_0 b}\cos\phi\vec{a}_y\Big|_0^\pi = \frac{-\rho}{4\pi\varepsilon_0 b}\,\vec{a}_y$

(2) $0 < \phi < \pi$ 及 $\pi < \phi < 2\pi$ ：

$$\vec{E}_b = \int_0^\pi \frac{-\rho\,d\phi}{4\pi\varepsilon_0 b}\sin\phi(\vec{a}_y) + \int_\pi^{2\pi} \frac{-\rho\,d\phi}{4\pi\varepsilon_0 b}\sin\phi(\vec{a}_y) = \frac{-\rho}{4\pi\varepsilon_0 b}\,\vec{a}_y$$

(3) $0 < \phi < 2\pi$ $\vec{E}_a = \displaystyle\int_0^{2\pi} \frac{-\rho\,d\phi}{4\pi\varepsilon_0 b}\sin\phi(\vec{a}_y) = \frac{\rho}{4\pi\varepsilon_0 b}\cos\phi\vec{a}_y\Big|_0^{2\pi} = 0$

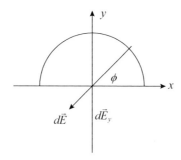

20. 如圖所示，有兩個無窮大的金屬板，夾角為 ϕ_0，其中一金屬板為零電位，另一為 V_0，二板之間為空氣，二夾角處絕緣，求兩板間 $(0 < \phi < \phi_0)$ 任一點之電場大小。

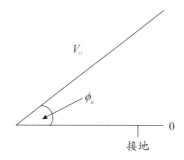

解：

兩個無窮大的金屬板，在 r 及 z 方向為等位面，因此電位方程式為

$$\nabla^2 V = \frac{1}{r^2}\frac{\partial^2 V}{\partial \phi^2} = 0 \quad，解出 V = A\phi + B。$$

代入邊界條件 $\phi = 0 \Rightarrow V = 0$，$\phi = \phi_0 \Rightarrow V = V_0$，得到 $A = \dfrac{V_0}{\phi_0}$ 及 $B = 0$，

所以 $\vec{E} = -\nabla V = -\nabla\left(\dfrac{V_0}{\phi_0}\phi\right)\vec{a}_\phi = -\left(\dfrac{1}{r}\dfrac{\partial \dfrac{V_0}{\phi_0}\phi}{\partial \phi}\right)\vec{a}_\phi = \dfrac{-1}{r}\dfrac{V_0}{\phi_0}\vec{a}_\phi$

21. 如圖所示，同軸電纜導線，內徑為 a，外徑為 b，內徑及外徑的電荷均相等，利用高斯定律求同軸電纜線內外的電場強度 $\vec{E}$ 的大小。

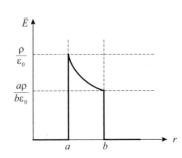

152

解：

利用高斯定律：

(1) 在外部，即 $r > b$，得到 $\oint \vec{E}_{外} \cdot d\vec{S} = \dfrac{1}{\varepsilon_0} Q$，但是 Q 為 0，

所以 $\vec{E}_{外} = 0$。

(2) 在內部，即 $a < r < b$：$\oint \vec{E}_{內} \cdot d\vec{S} = \dfrac{1}{\varepsilon_0} \int \rho dv$，$\vec{E}_{內} \oint d\vec{S} = \dfrac{1}{\varepsilon_0} 2\pi a l \rho$

$E_{內} \cdot 2\pi r l = \dfrac{1}{\varepsilon_0} 2\pi a l \rho$ 得到 $\vec{E}_{內} = \dfrac{a\rho}{\varepsilon_0 r} \vec{a}_r$。

(3) 當 $r = a$ 時，$\vec{E} = \dfrac{a\rho}{\varepsilon_0 a} \vec{a}_r = \dfrac{\rho}{\varepsilon_0} \vec{a}_r$。

(4) 當 $r = b$ 時，$\vec{E} = \dfrac{a\rho}{\varepsilon_0 b} \vec{a}_r$。

(5) 當 $r < a$ 時，$\vec{E} = 0$。

(6) 電場分佈的圖形為

22. 如圖所示，三點電荷之分佈，假設 $R >> d$ ($\dfrac{1}{R_1}$ 或 $\dfrac{1}{R_2}$ 之二項式展開時 $\left(\dfrac{d}{R}\right)$ 的指數大於 2 以上的各項均可略而不計)，求 P 點的電場強度 $\vec{E}$ 。

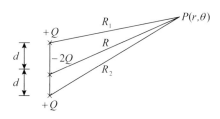

解 :

首先利用電位的公式得到： $V_1 = \dfrac{Q}{4\pi\varepsilon_0 R_1}$ ， $V_2 = \dfrac{-2Q}{4\pi\varepsilon_0 R}$ 及

$V_3 = \dfrac{Q}{4\pi\varepsilon_0 R_2}$ 。總電位為

$$V = V_1 + V_2 + V_3 = \frac{Q}{4\pi\varepsilon_0}\left[\frac{1}{R_1} - \frac{2}{R} + \frac{1}{R_2}\right] \qquad (1)$$

利用餘弦定理化簡 R_1 ， R_2 與 R 的關係，

$$R_1 = (R^2 + d^2 - 2Rd\cos\theta)^{\frac{1}{2}} ,$$
$$R_2 = (R^2 + d^2 + 2Rd\cos\theta)^{\frac{1}{2}}$$

再利用二項式展開得到

$$\frac{1}{R_1} = (R^2 + d^2 - 2Rd\cos\theta)^{\frac{-1}{2}} = \frac{1}{R}\left[1 + \left(\frac{d}{R}\right)^2 - \frac{2d}{R}\cos\theta\right]^{\frac{-1}{2}}$$

$$= \frac{1}{R}\left[1 - \frac{1}{2}\left(\frac{d^2}{R^2} - \frac{2d}{R}\cos\theta\right) + \frac{1}{8}\left(\frac{d^2}{R^2} - \frac{2d}{R}\cos\theta\right)^2 - \cdots\right]$$

$$\approx \frac{1}{R}\left[1 - \frac{d}{R}\cos\theta + \frac{d^2}{R^2}\left(\frac{3\cos^2\theta - 1}{2}\right)\right] \qquad (2)$$

$$\frac{1}{R_2} = (R^2 + d^2 + 2Rd\cos\theta)^{\frac{-1}{2}} = \frac{1}{R}\left[1 + \left(\frac{d}{R}\right)^2 + \frac{2d}{R}\cos\theta\right]^{\frac{-1}{2}}$$

$$= \frac{1}{R}\left[1 - \frac{1}{2}\left(\frac{d^2}{R^2} + \frac{2d}{R}\cos\theta\right) + \frac{3}{8}\left(\frac{d^2}{R^2} + \frac{2d}{R}\cos\theta\right)^2 - \cdots\right]$$

$$\approx \frac{1}{R}\left[1+\frac{d}{R}\cos\theta+\frac{d^2}{R^2}\left(\frac{3\cos^2\theta-1}{2}\right)\right] \tag{3}$$

將 (2) 式及 (3) 式代入 (1) 式中，得到 $V=\dfrac{Qd^2}{4\pi\varepsilon_0 R^3}(3\cos^2\theta-1)$。

利用 $\vec{E}=-\nabla V$ 的方式，在圓球座標下

$$\vec{E}=-\nabla V=-\left(\frac{1}{1}\frac{\partial V}{\partial R}\vec{a}_R+\frac{1}{R}\frac{\partial V}{\partial\theta}\vec{a}_\theta+\frac{1}{R\sin\theta}\frac{\partial V}{\partial\phi}\vec{a}_\phi\right)$$

$$=\frac{1}{3}\frac{Qd^2}{4\pi\varepsilon_0 R^4}(3\cos^2\theta-1)\vec{a}_R+\frac{6Qd^2}{4\pi\varepsilon_0 R^4}\cos\theta\sin\theta\vec{a}_\theta$$

23. 有兩同心球其半徑為 R_1 及 R_2 $(R_1<R_2)$，電位差為 V，如果要使內球表
面 之電場 $\vec{E}$ 為最小，則 R_1 與 R_2 的關係為何。

 :

假設電荷 Q，則為內外球的電位及電場分別為

$$V=\frac{Q}{4\pi\varepsilon_0}\left(\frac{1}{R_1}-\frac{1}{R_2}\right) \tag{1}$$

$$\vec{E}=\frac{Q}{4\pi\varepsilon_0 R^2}\vec{a}_R \tag{2}$$

經由 (1) 式及 (2) 式得到

$$\vec{E}\,|_{R=R_1}=\frac{R_2}{R_2-R_1}V \tag{3}$$

對 (3) 式微分等於零，可以得到極值：

$$\frac{d\vec{E}}{dR_1}=0\Rightarrow\frac{d\left(\dfrac{R_2}{R_2-R_1}V\right)}{dR_1}=0 \text{，解出 } R_2=2R_1 \text{ 之關係。}$$

圖解電磁學

24. 假設電荷 Q 均勻分佈於一半徑為 a 之絕緣球體，求距離球心 R 處之電場強度 $(R < a$ 與 $R > a)$。

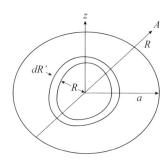

⊛ 解：

利用高斯定律 $\oint \vec{E} \cdot dS = \dfrac{Q}{\varepsilon_0}$ ，得到

(1) 內部 $R < a$： $\oint \vec{E}_{內} \cdot d\vec{S} = \dfrac{1}{\varepsilon_0} \int \rho dv = \dfrac{1}{\varepsilon_0} \rho \dfrac{4}{3} \pi R^3 \, \vec{a}_R$ ，

$$\vec{E}_{內} 4\pi R^2 = \dfrac{1}{\varepsilon_0} \rho \dfrac{4}{3} \pi R^3 \text{ , } \vec{E}_{內} = \dfrac{\rho}{3\varepsilon_0} R \vec{a}_R$$

(2) 外部 $R > a$： $\oint \vec{E}_{外} \cdot d\vec{S} = \dfrac{1}{\varepsilon_0} \int \rho dv = \dfrac{1}{\varepsilon_0} \rho \dfrac{4}{3} \pi a^3$ ，

$$E_{外} 4\pi R^2 = \dfrac{1}{\varepsilon_0} \rho \dfrac{4}{3} \pi a^3 \text{ , }$$

$$\vec{E}_{外} = \dfrac{\rho a^3}{3\varepsilon_0 R^2} \vec{a}_R \text{ 。}$$

另解：由 $dQ = \rho 4\pi R^2 dR$，代入 $d\vec{E}_R = \dfrac{dQ}{4\pi\varepsilon_0 r^2} \vec{a}_R = \dfrac{\rho 4\pi R^2}{4\pi\varepsilon_0 r^2} dR \, \vec{a}_R$

積分得到 $\vec{E}_R = \displaystyle\int_0^a \dfrac{\rho 4\pi R^2}{4\pi\varepsilon_0 r^2} dR \vec{a}_R = \dfrac{\rho 4\pi}{4\pi\varepsilon_0 r^2} \int_0^a R^2 dR \vec{a}_R = \dfrac{\rho}{3\varepsilon_0} \dfrac{a^3}{r^2} \vec{a}_R$

25. 如圖所示，球型分佈之帶電體，電荷密度為 ρ，半徑為 a，利用高斯定律求圓球內外的電場強度 $\vec{E}$ 的大小。

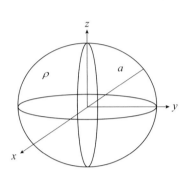

解 :

利用高斯定律

(1) 內部 $R < a$，$\oint \vec{E}_{內} \cdot d\vec{S} = \dfrac{1}{\varepsilon_0} \int \rho \, dv = \dfrac{1}{\varepsilon_0} \rho \dfrac{4}{3} \pi R^3$，

$$\vec{E}_{內} 4\pi R^2 = \dfrac{1}{\varepsilon_0} \rho \dfrac{4}{3} \pi R^3 \quad \therefore \vec{E}_{內} = \dfrac{\rho}{3\varepsilon_0} R \vec{a}_R$$

(2) 外部 $R > a$，$\oint \vec{E}_{外} \cdot d\vec{S} = \dfrac{1}{\varepsilon_0} \int \rho \, dv = \dfrac{1}{\varepsilon_0} \rho \dfrac{4}{3} \pi a^3$，

$$E_{外} 4\pi R^2 = \dfrac{1}{\varepsilon_0} \rho \dfrac{4}{3} \pi a^3 \quad \therefore \vec{E}_{外} = \dfrac{\rho a^3}{3\varepsilon_0 R^2} \vec{a}_R$$

(3) $R = a$ 時，$\vec{E} = \dfrac{\rho a}{3\varepsilon_0} \vec{a}_R$

(4) 電場分佈的圖形為

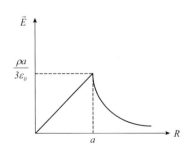

26. 假設一大塊電介質中的極化向量為 $\vec{E} = P\vec{a}_z$，在這一塊電介質中挖出一個半徑為 R（很小）的球形空腔 (spherical cavity)，試求在此球中心的電場強度 $\vec{E}$。

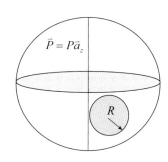

解：

由於

$$\rho_p = \vec{P}\cdot\vec{a}_n = P\vec{a}_z\cdot\vec{a}_n = -P\cos\theta \quad,\quad dQ = \rho_p dS = -P\cos\theta R^2\sin\theta\,d\theta\,d\phi$$

此時 $d\vec{E} = \dfrac{dQ}{4\pi\varepsilon_0 R^2}\vec{a}_n$，代入相關數值 $d\vec{E} = \dfrac{-P\cos\theta\sin\theta\,d\theta\,d\phi}{4\pi\varepsilon_0}\vec{a}_n$，

並且電荷為對稱 z 軸，因此 $d\vec{E}_z = d\vec{E}\cos\theta = \dfrac{-P\cos^2\theta\sin\theta\,d\theta\,d\phi}{4\pi\varepsilon_0}\vec{a}_z$

所以：$\vec{E} = \int d\vec{E}_z = \displaystyle\int_0^{2\pi}\dfrac{-P\cos^2\theta\sin\theta d\theta d\phi}{4\pi\varepsilon_0}\vec{a}_z = \dfrac{P}{3\varepsilon_0}\vec{a}_z$

27. 如圖所示，有一球形對稱之電荷密度 $\rho_v = \rho_0\left(1 - \dfrac{R^2}{a^2}\right)$，其中 ρ_0 為常數，存在於 $0 \le R \le a$ 之區域，其外圍繞有層同心導體，內半徑 b，外半徑 c，求 $R < a$，$a < R < b$，$b < R < c$ 及 $R > c$ 之 $\vec{E}$。

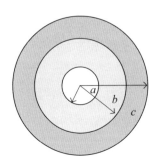

：

利用高斯定律 $\oint \vec{E} \cdot dS = \dfrac{Q}{\varepsilon_0} \Rightarrow \oint \vec{E} \cdot dS = \dfrac{1}{\varepsilon_0} \oint \rho dv$，得到

(1) $R < a$： $\vec{E} 4\pi R^2 = \dfrac{1}{\varepsilon_0} \int_0^r \rho_0 \left(1 - \dfrac{R^2}{a^2}\right) \dfrac{4}{3}\pi R^3 dR$

$$\Rightarrow \vec{E} = \dfrac{\rho_0}{4\pi\varepsilon_0 R^2}\left(\dfrac{\pi r^4}{3} - \dfrac{2\pi r^6}{9a^2}\right)\vec{a}_R。$$

(2) $a < R < b$，$b < R < c$ 及 $R > c$ 之 $\vec{E}$：

$$\vec{E} 4\pi R^2 = \dfrac{1}{\varepsilon_0} \int_0^a \rho_0 (1 - \dfrac{R^2}{a^2})\dfrac{4}{3}\pi a^3 dR \Rightarrow \vec{E} = \dfrac{\rho_0}{4\pi\varepsilon_0 R^2}(\dfrac{8\pi a^4}{9})\vec{a}_R。$$

28：如圖所示，空心球的半徑為 a，表面電荷密度為 ρ，求球內及球外之電場強度。

：

(1) 由於為空心球，電荷存在於表面，球內並無電荷存在，因此 $\vec{E} = 0$。

(2) 由於電荷存在於表面，對於球外任一點，總電荷均為 $Q = 4\pi a^2 \rho$，代入

$$\vec{E}_R = \dfrac{Q}{4\pi\varepsilon_0 R^2}\vec{a}_R = \dfrac{4\pi a^2 \rho}{4\pi\varepsilon_0 R^2}\vec{a}_R = \dfrac{a^2 \rho}{\varepsilon_0 R^2}\vec{a}_R$$

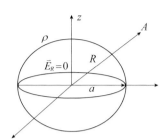

29. 有 R_1 與 R_2 不同半徑二個金屬球（$R_1 < R_2$）。二者用很細的金屬線連接，通入總數 Q 之電荷在二球上，求二球上電場強度比值？

解：

假設 r_1 與 r_2 上的電荷分別為 Q_1 與 Q_2，則

$$Q = Q_1 + Q_2 \tag{1}$$

連接後為等電位，因此

$$V_1 = V_2 \Rightarrow \frac{Q_1}{4\pi\varepsilon_0 R_1} = \frac{Q_2}{4\pi\varepsilon_0 R_2} \tag{2}$$

解 (1) 式和 (2) 式聯立方程組，可以得到：

$$Q_1 = \frac{R_1 Q}{R_1 + R_2} \quad,\quad Q_2 = \frac{R_2 Q}{R_1 + R_2}$$

因此 $\vec{E}_1 : \vec{E}_2 = \dfrac{Q_1}{4\pi\varepsilon_0 R_1^2} : \dfrac{Q_2}{4\pi\varepsilon_0 R_2^2} = \dfrac{\frac{R_1 Q}{R_1 + R_2}}{R_1^2} : \dfrac{\frac{R_2 Q}{R_1 + R_2}}{R_2^2} = \dfrac{1}{R_1} : \dfrac{1}{R_2} = R_2 : R_1$

30. 空間之電荷密度分佈 $\rho = \rho_0^{-R} \, \text{Coul} / \text{m}^2$，其中 R 為球形座標所用之距離變數，ρ_0 為一常數，求該空間之電場分佈。

解：

利用高斯定律 $\oint \vec{E} \cdot dS = \dfrac{Q}{\varepsilon_0} \Longrightarrow \oint \vec{E} \cdot dS = \dfrac{1}{\varepsilon_0} \oint \rho dv$，

所以 $\vec{E} 4\pi r^2 = \dfrac{4\pi\rho_0}{\varepsilon_0} \int_0^r e^{-R} R^2 dR = \dfrac{4\pi\rho_0}{\varepsilon_0}[-R^2 e^{-R} - 2R e^{-R} - 2e^{-R}]\Big|_0^r \, \vec{a}_r$

$$= \dfrac{4\pi\rho_0}{\varepsilon_0}[-r^2 e^{-r} - 2r^2 e^{-r} - 2e^{-r}] \, \vec{a}_r$$

得到 $\vec{E} = \dfrac{4\pi\rho_0}{r^2 \varepsilon_0}[-r^2 e^{-r} - 2r^2 e^{-r} - 2e^{-r}] \, \vec{a}_r$。

Unit **12-4**

電 位

1. 試述電位 (electric potential) 的基本定義。

解：

電位的定義是：在空間中將一單位正電荷由參考點移到所要的點時，所做的功。

電荷為離散時：

$$V = \frac{Q_1}{4\pi\varepsilon_0 R_1} + \frac{Q_2}{4\pi\varepsilon_0 R_2} + \frac{Q_3}{4\pi\varepsilon_0 R_3} + \cdots + \frac{Q_m}{4\pi\varepsilon_0 R_m} = \sum_{m=1}^{m} \frac{Q_m}{4\pi\varepsilon_0 R_m} \quad (1)$$

電荷為連續分佈時：

$$V = \int \frac{\rho \, d\lambda}{4\pi\varepsilon_0 R} \quad (2)$$

2. 直空內兩個電荷 +1 微庫倫及 −1 微庫倫，各靜止於 Z 軸 Z = +1cm 及 Z = −1cm 之兩點，求 yz 平面上一點 p(y = 3, z = 4) 之電位，通過此點之等位線應為何種曲線？

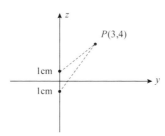

解：

首先利用電位的公式得到： $V_1 = \dfrac{Q}{4\pi\varepsilon_0 r_1}$ 及 $V_2 = \dfrac{-Q}{4\pi\varepsilon_0 r_2}$ ，

$$r_1 = \sqrt{(3-0)^2 + (4-1)^2} = 3\sqrt{2} \times 10^{-2}\,\text{m}\,,$$

$$r_2 = \sqrt{(3-0)^2 + (4+1)^2} = \sqrt{34} \times 10^{-2}\,\text{m}$$

因此總電位為

$$V_p = V_1 + V_2 = \frac{10^{-6}}{4\pi\varepsilon_0}\Big[\frac{1}{3\sqrt{2} \times 10^{-2}} - \frac{1}{\sqrt{34} \times 10^{-2}}\Big]$$

$$= \frac{10^{-4}}{4\pi\varepsilon_0}\Big[\frac{1}{3\sqrt{2}} - \frac{1}{\sqrt{34}}\Big] \tag{1}$$

再由

$$V_p = \frac{Q}{4\pi\varepsilon_0}\frac{1}{\sqrt{x^2+y^2+(z-1)^2}} + \frac{1}{4\pi\varepsilon_0}\frac{-Q}{\sqrt{x^2+y^2+(z+1)^2}} \tag{2}$$

(1) 式等於 (2) 式，

得到 $\dfrac{0.01}{\sqrt{x^2+y^2+(z-1)^2}} - \dfrac{0.01}{\sqrt{x^2+y^2+(z+1)^2}} = \dfrac{1}{3\sqrt{2}} - \dfrac{1}{\sqrt{34}}$ 之曲線。

3. 一端在原點的一條長 l 之細玻璃棒，放置 x 軸方向使電荷均勻著沿著棒分佈，試求 x 軸方向的任何一點之電位。

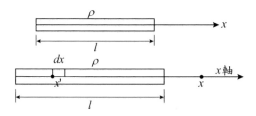

解：

假設電荷密度為 ρ，將玻璃棒切割成許多小段，並且以微積分的觀念分析，則微小長度的電荷為 $dQ = \rho dx'$，因此電位值為

$$\mathrm{d}V = \frac{\rho dx'}{4\pi\varepsilon_0(x-x')} \tag{1}$$

對 (1) 式積分得到電位之值

$$V = \int dV = \int_0^l \frac{\rho dx'}{4\pi\varepsilon_0(x-x')} = \frac{\rho}{4\pi\varepsilon_0}[-\ln(x-x')]\big|_0^l$$

$$= \frac{\rho}{4\pi\varepsilon_0}\ln(\frac{x}{x-l}) \tag{2}$$

4. 等邊三角形之各頂點，放置三個等量的正 Q 電荷，求三角形中心點的電位。

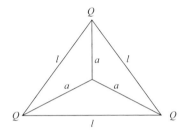

解：

等邊三角形之中心點為重心位置，因此 $a = \frac{2}{3}l\sin 60^0 = \frac{\sqrt{3}}{3}l$ ，利用

電位公式 $V = \frac{Q}{4\pi\varepsilon_0 a} = \frac{Q}{4\pi\varepsilon_0 \frac{\sqrt{3}}{3}l} = \frac{3Q}{4\pi\varepsilon_0\sqrt{3}l} = \frac{\sqrt{3}Q}{4\pi\varepsilon_0 l}$ ，總共有三個等量

的正 Q 電荷，因此 $V_t = 3V = \frac{3\sqrt{3}Q}{4\pi\varepsilon_0 l}$

5. 如圖所示，一平行板電容器，每片的面積為 $2m^2$，每片的電荷為 3.54×10^{-5} 庫侖，介質 A 的厚度為 $2\times10^{-3}m$，相對介電常數為 5，介質 B 的厚度為 $3\times10^{-3}m$，相對介電常數為 2，求介質 A 及 B 中之電容器二端之電壓。

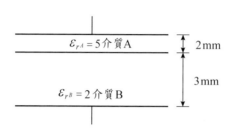

解：

利用平板電場之觀念，得到 $\vec{E}_A = \dfrac{\rho}{\varepsilon_A}$，$\vec{E}_B = \dfrac{\rho}{\varepsilon_B}$，代入已知之數值，

$$\vec{E}_A = \frac{\dfrac{3.54 \times 10^{-5}}{2}}{5\varepsilon_0} = \frac{3.54 \times 10^{-4}}{\varepsilon_0} \quad , \quad \vec{E}_B = \frac{\dfrac{3.54 \times 10^{-5}}{2}}{2\varepsilon_0} = \frac{3.54 \times 10^{-5}}{4\varepsilon_0} \quad 。$$

$$V_A = \vec{E}_A d_1 = \frac{3.54 \times 10^{-4}}{\varepsilon_0} \times 2 \times 10^{-3} = \frac{7.08 \times 10^{-7}}{\varepsilon_0} \quad ,$$

$$V_B = \vec{E}_B d_2 = \frac{3.54 \times 10^{-5}}{4\varepsilon_0} \times 3 \times 10^{-3} = \frac{1.062 \times 10^{-7}}{4\varepsilon_0}$$

電容器二端之電壓 $V = V_A + V_B = \dfrac{7.3455 \times 10^{-7}}{\varepsilon_0}$ 。

6. 如圖所示，面積為 A 之兩平行金屬板，距離為 d，其間填充兩層介電物質，介電率分別為 ε_1 及 ε_2。介電質厚度 t，其餘為介電率 ε_2 之介電質。兩平行板間接 V_o 之電壓源，求平行板間之電位分佈 $V(x)$。

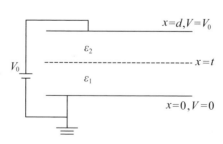

：

平板電場：$\vec{E}_1 = \dfrac{\rho_s}{\varepsilon_1}(-\vec{a}_x)$，$\vec{E}_2 = \dfrac{\rho_s}{\varepsilon_2}(-\vec{a}_x)$

所以電位

在 $x \le t$：$V_1 = -\displaystyle\int_0^x \vec{E}_1 \cdot dx = \vec{E}_1 = \dfrac{\rho_s}{\varepsilon_1}x$

在 $t < x \le d$：$V_2 = V_1 + \displaystyle\int_t^x \vec{E}_2 \cdot dx = \dfrac{\rho_s}{\varepsilon_1}x + \dfrac{\rho_s}{\varepsilon_2}(x-t)$

7. 如圖所示，有一長方形金屬盒子，長寬高各為 a、b 與 c，除了底部留有間隙絕緣並維持一電位 V_o 外，其餘五面電位均等於零，求盒內之電位分佈。

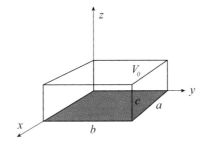

：

本題為三維電位方程式，

$$V(x,y,z) = X(x)Y(y)Z(z) \tag{1}$$

$$X(x) = A\sin\frac{\pi x}{a}，Y(y) = B\sinh\frac{\pi x}{b}$$

及 $Z(z) = C\sinh\left[\sqrt{(\frac{m\pi}{a})^2 + (\frac{n\pi}{b})^2}(z-c)\right]$

根據題目的邊界條件為：

$$V(0,y,z) = 0，V(a,y,z) = 0，V(x,0,z) = 0，$$
$$V(x,b,c) = 0，V(x,y,c) = 0$$

及 $V(x,y,0) = V_o$，代入所有邊界條件至 (1) 式中，得到之解為

$$V(x,y,z) = \sum_{m=1}^{\infty}\sum_{n=1}^{\infty} a_{mn} \sin\frac{\pi x}{a} \cdot B\sinh\frac{\pi x}{b} \cdot C\sinh\left[\sqrt{(\frac{m\pi}{a})^2 + (\frac{n\pi}{b})^2}(z-c)\right] \quad (2)$$

根據題目的邊界條件 $V(x,y,0) = V_o$，將 (2) 式轉換為

$$V(x,y,0) = \sum_{m=1}^{\infty}\sum_{n=1}^{\infty} a_{mn} \sin\frac{\pi x}{a} \sinh\frac{\pi x}{b} \sinh\left[\sqrt{(\frac{m\pi}{a})^2 + (\frac{n\pi}{b})^2}(c)\right] \quad (3)$$

以傅利葉 (Fourier) 方式，將 (3) 式中的右端解出為 $\dfrac{-ab}{4}$，左式的

a_{mm} 解出，得到：$a_{mn} = \begin{cases} 0 & m,n \text{ 為偶數} \\ \dfrac{4abV_0}{mn\pi^2} & m,n \text{ 為奇數} \end{cases}$，

因此解答為

$$V(x,y,z) = \sum_{\substack{m=1 \\ \text{奇數}}}^{\infty}\sum_{\substack{n=1 \\ \text{奇數}}}^{\infty} \frac{-16V_0}{mn\pi^2\left[\sqrt{(\frac{n\pi}{a})^2 + (\frac{n\pi}{b})^2} \cdot c\right]} \sin\frac{m\pi x}{a} \sinh\frac{m\pi x}{b} \cdot$$

$$\sinh\left[\sqrt{(\frac{m\pi}{a})^2 + (\frac{n\pi}{b})^2}(z-c)\right]$$

8. 如圖所示，有一接地金屬凹槽，深度 b，寬度 a，$b >> a$，槽上方置有蓋板與槽互相絕緣，蓋板之電位分佈 $V(x) = V_o\sin\dfrac{\pi x}{a}$，求在凹槽內任意點之電位分佈 $V(x,y)$。

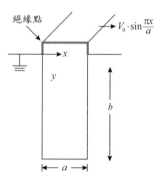

圖解電磁學

解：

重新以 $x = 0$，$y = b$ 為原點，因此二維電位方程式之解為

$$V(x,y) = (A_1\cos kx + A_2\sin kx)\cdot(B_1\cosh kx + B_2\sinh kx) \qquad (1)$$

根據題目的邊界條件為：

$V(0,y) = 0$，$V(a,y) = 0$，$V(x,0) = 0$ 及 $V(x,b) = V_o\sin\dfrac{\pi x}{a}$。

代入所有邊界條件至 (1) 式中，得到

(1) $V(0,y) = (A_1\cos k0 + A_2\sin k0)\cdot(B_1\cosh ky + B_2\sinh ky) = 0$，

   $V(0,y) = A_1\cdot(B_1\cos kx + B_2\sin kx) = 0$，所以 $A_1 = 0$。

(2) $V(a,y) = (A_1\cos ka + A_2\sin ka)\cdot(B_1\cosh ky + B_2\sinh ky) = 0$，

   因為 $A_1 = 0$，$V(a,y) = A_2\sin ka\cdot(B_1\cosh ky + B_2\sinh ky) = 0$，

   所以 $A_2\sin ka = 0$，表示 $k = \dfrac{n\pi}{a}$。

(3) $V(x,0) = (A_1\cos kx + A_2\sin kx)\cdot(B_1\cosh k0 + B_2\sinh k0) = 0$，

   因為 $A_1 = 0$，$k = \dfrac{n\pi}{a}$，$V(x,0) = A_2\sin\dfrac{n\pi x}{a}\cdot(B_1\cosh k0 + B_2 0) = 0$，

   所以 $B_1 = 0$。

整理得到

$$V(x,y) = \sum_{n=1}^{\infty} c_n\sin(\frac{n\pi x}{a})\cdot\sinh h(\frac{n\pi y}{a}) \qquad (2)$$

代入最後的邊界條件得到

$$V(x,b) = \sum_{n=1}^{\infty} c_n\sin(\frac{n\pi b}{a})\bullet\sinh\ h(\frac{n\pi b}{a}) = V_0\sin(\frac{\pi x}{a}) \qquad (3)$$

由 (3) 式中解出： 及 $c_1 = \dfrac{V_0}{\sinh(\dfrac{\pi b}{a})}$ ，代入回至 (2) 式，因此凹槽內

任意點之電位分佈為： $V(x,y) = \dfrac{V_0}{\sinh(\dfrac{\pi b}{a})}\bullet\sin(\frac{n\pi x}{a})\bullet\sinh(\frac{n\pi y}{a})$

9. 如圖所示,環狀線電荷之半徑為 a,電荷密度為 ρ,求在中心軸 (z 軸)上的電位 V 值。

解:

由電位公式的關係 $dV = \dfrac{dQ}{4\pi\varepsilon_0 R}$,代入 $dQ = \rho a d\phi$ 及 $R = \sqrt{z^2 + a^2}$,

得到 $V = \displaystyle\int_0^{2\pi} dV = \int_0^{2\pi} \frac{\rho a d\phi}{4\pi\varepsilon_0 \sqrt{a^2 + z^2}} 2\pi = \frac{\rho a}{4\pi\varepsilon_0 \sqrt{a^2 + z^2}} \int_0^{2\pi} d\phi$

$= \dfrac{\rho a}{4\pi\sqrt{a^2 + z^2}} \cdot 2\pi = \dfrac{\rho a}{2\varepsilon_0 \sqrt{a^2 + z^2}}$

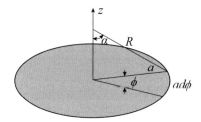

10. 如圖所示,盤狀面電荷之半徑為 a,電荷密度為 ρ,求在中心軸 (z 軸)上的電位 V 的值。

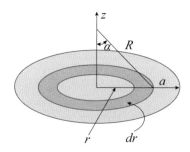

解:

由 $dV = \dfrac{dQ}{4\pi\varepsilon_0 R}$ 中,將 $dQ = \rho ds = \rho r dr d\phi$ 及 $R = \sqrt{z^2 + r^2}$ 代入 dV 的

公式中,

$$V = \int dV = \int_0^{2\pi} \int_0^a \frac{\rho r dr d\phi}{4\pi\varepsilon_0 \sqrt{a^2 + r^2}} = \frac{\rho}{4\pi\varepsilon_0} \int_0^{2\pi} d\phi \int_0^a \frac{r dr}{\sqrt{z^2 + r^2}}$$

$$= \frac{\rho}{4\pi\varepsilon_0} 2\pi \int_0^a \frac{r dr}{\sqrt{z^2 + r^2}} = \frac{\rho}{2\varepsilon_0} \left[\sqrt{z^2 + r^2} \right]_0^a = \frac{\rho}{2\varepsilon_0} \left[\sqrt{z^2 + a^2} - z \right]$$

11. 如圖所示，有兩個無窮大的金屬板，夾角 ϕ_0，其中一金屬板為零電位，另一為 V_o，二板之間為空氣，二夾角處絕緣，試求兩板間 $(0 < \phi < \phi_0)$ 任一點之電位大小。

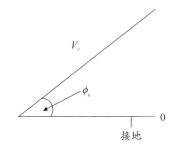

解：

兩個無窮大的金屬板，在 r 及 z 方向為等位面，因此電位方程式為

$\nabla^2 V = \frac{1}{r^2} \frac{\partial^2 V}{\partial \phi^2} = 0$，解出 $V = A\phi + B$，

代入邊界條件 (1) $\phi = 0 \Rightarrow V = 0$，(2) $\phi = \phi_0 \Rightarrow V = V_0$。

得到 $A = \frac{V_0}{\phi_0}$ 及 $B = 0$，所以 $V = \frac{V_0}{\phi_0} \phi$。

12. 如圖所示，同軸導線之截面，(r, ϕ) 為極座標，內導體之半徑為 a 並接地，外導體之內徑為 b 而電位為 V_o。假設內外導體之間 $(a < r < b)$ 之介電常數 (permittivity) 為 ε，並且充滿一密度為 $\rho = \rho_0 / r$ 之電荷分佈，ρ_0 為一常數，求兩導體間 $(a < r < b)$ 之電位分佈。

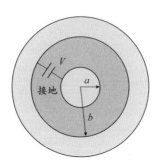

 解：

利用電位公式 $\nabla^2 V = \dfrac{\rho}{\varepsilon_0}$，並且僅為 r 的函數，代入方程式中，

$\dfrac{1}{r}\dfrac{d}{dr}(r\dfrac{dV}{dr}) = \dfrac{\rho_0}{\varepsilon r} \Rightarrow \dfrac{d}{dr}(r\dfrac{dV}{dr}) = \dfrac{\rho_0}{\varepsilon}$ ，化簡得到

$$d(r\dfrac{dV}{dr}) = \dfrac{\rho_0}{\varepsilon}dr \qquad (1)$$

對 (1) 式積分：

$\int d(r\dfrac{dV}{dr}) = \int \dfrac{\rho_0}{\varepsilon}dr \Rightarrow r\dfrac{dV}{dr} = \dfrac{\rho_0}{\varepsilon}r + A \Rightarrow \dfrac{dV}{dr} = \dfrac{\rho_0}{\varepsilon} + \dfrac{A}{r}$ ，化簡得到

$$dV = (\dfrac{\rho_0}{\varepsilon} + \dfrac{A}{r})dr \qquad (2)$$

對 (2) 式積分得到

$$\int dV = \int (\dfrac{\rho_0}{\varepsilon} + \dfrac{A}{r})dr \Rightarrow V = \dfrac{\rho_0}{\varepsilon}r + A\ln r + B \qquad (3)$$

代入初始條件 $V(a) = 0$，$V(b) = V_0$，求出 $A = \dfrac{\dfrac{\rho_0}{\varepsilon}(a+b) + V_0}{\ln\dfrac{b}{a}}$ ，

$B = \dfrac{\dfrac{\rho_0}{\varepsilon}(a-b) + V_0}{\ln\dfrac{b}{a}}\ln a$ ，代入 (3) 式即得到電位分佈。

13. 如圖所示，一對拉長之平行圓柱形導體，半徑分別為 a 與 b，二軸相距為 s，假設 $s >> a$，$s >> b$，由已知之 $\vec{E}$ 求二線間之電位差 V。

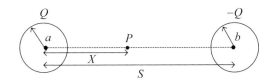

解：

已知 $\vec{E} = \dfrac{Q}{2\pi\varepsilon_o r}$，因此 $\vec{E}_1 = \dfrac{Q}{2\pi\varepsilon_o x}$，$\vec{E}_2 = \dfrac{-Q}{2\pi\varepsilon_o(s-x)}$，總電場為

$$\vec{E} = \vec{E}_1 - \vec{E}_2 = \frac{Q}{2\pi\varepsilon_o}\left(\frac{1}{x} + \frac{1}{(s-x)}\right) \tag{1}$$

對 (1) 式積分得到，

$$V = -\int_a^{s-b} \frac{Q}{2\pi\varepsilon_o}\left(\frac{1}{x} + \frac{1}{(s-x)}\right)dx = \frac{Q}{2\pi\varepsilon_o}\ln\frac{s^2-(a+b)s+ab}{ab}$$

14. 半徑 a 接地金屬球，同心圓環半徑 b，帶有均勻電荷 Q，求對稱軸 z 軸上一點 $P(0,0,z)$ 之電位。

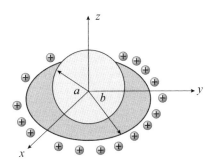

解：

同心圓環上的微小電荷為 dQ，利用影像法，所對應之影像電荷為

$dQ' = \dfrac{-a}{b} dQ$，並且位於 $R' = \dfrac{a^2}{b}$ 處，因此微小電荷所引起的微小

電位為

$$dV_p = \frac{1}{4\pi\varepsilon_0}\left(\frac{dQ}{R} + \frac{dQ'}{R'}\right) = \frac{1}{4\pi\varepsilon_0}\left(\frac{dQ}{\sqrt{z^2+b^2}} + \frac{\dfrac{-a}{b}dQ}{\sqrt{z^2+(\dfrac{a}{b})^2}}\right) \qquad (1)$$

將 $dQ = \rho b d\phi = \dfrac{Q}{2\pi b} b d\phi = \dfrac{Q}{2\pi} d\phi$ 代入 (1) 式，所以

$$dV_p = \frac{1}{4\pi\varepsilon_0}\left(\frac{\dfrac{Q}{2\pi}d\phi}{\sqrt{z^2+b^2}} - \frac{\dfrac{a}{b}\dfrac{Q}{2\pi}d\phi}{\sqrt{z^2+(\dfrac{a}{b})^2}}\right)$$

$$= \frac{1}{2\varepsilon_0}\left(\frac{Qd\phi}{\sqrt{z^2+b^2}} - \frac{aQd\phi}{\sqrt{b^2z^2+a^2}}\right) \qquad (2)$$

對 (2) 式積分得到

$$V = \int dV_p = \int_0^{2\pi}\frac{1}{2\varepsilon_0}\frac{Qd\phi}{\sqrt{z^2+b^2}} - \int_0^{2\pi}\frac{1}{2\varepsilon_0}\frac{aQd\phi}{\sqrt{b^2z^2+a^2}}$$

$$= \frac{Q}{4\pi\varepsilon_0}\left(\frac{1}{\sqrt{z^2+b^2}} - \frac{a}{\sqrt{b^2z^2+a^2}}\right)$$

15. 假設電荷 Q 均勻分佈於一半徑為 R 之絕緣球體，求距離球心 r 處之電位 (假設 $R > r$)。

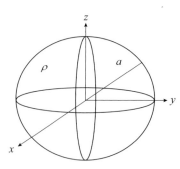

解：

利用高斯定律 $\oint \vec{E} \cdot dS = \dfrac{Q}{\varepsilon_0}$ ，得到

(1) 內部 $R < a$ ，$\oint \vec{E}_{內} \cdot d\vec{S} = \dfrac{1}{\varepsilon_0} \int \rho \, dv = \dfrac{1}{\varepsilon_0} \rho \dfrac{4}{3} \pi R^3$ ，

$$\vec{E}_{內} 4\pi R^2 = \dfrac{1}{\varepsilon_0} \rho \dfrac{4}{3} \pi R^3 \ , \quad \vec{E}_{內} = \dfrac{\rho}{3\varepsilon_0} R \vec{a}_R$$

代入 $\rho = \dfrac{Q}{\dfrac{4}{3}\pi a^3}$ ，因此 $\vec{E}_{內} = \dfrac{QR}{4\pi\varepsilon_0 a^3} \vec{a}_R$

(2) 外部 $R > a$ ，$\oint \vec{E}_{外} \cdot d\vec{S} = \dfrac{1}{\varepsilon_0} \int \rho \, dv = \dfrac{1}{\varepsilon_0} \rho \dfrac{4}{3} \pi a^3$ ，

$$E_{外} 4\pi R^2 = \dfrac{1}{\varepsilon_0} \rho \dfrac{4}{3} \pi a^3 \ , \quad \vec{E}_{外} = \dfrac{\rho a^3}{3\varepsilon_0 R^2} \vec{a}_R$$

同樣代入 $\rho = \dfrac{Q}{\dfrac{4}{3}\pi a^3}$ ，因此 $\vec{E}_{外} = \dfrac{Q}{4\pi\varepsilon_0 R^2} \vec{a}_R$

(3) $V = \int -\vec{E} \cdot dR = -\int_a^0 \dfrac{QR \, dR}{4\pi\varepsilon_0 a^3} - \int_\infty^a \dfrac{Q \, dR}{4\pi\varepsilon_0 R^2} = \dfrac{Q}{8\pi\varepsilon_0 a^2} + \dfrac{Q}{4\pi\varepsilon_0 a}$

16. 如圖所示，有一球形對稱之電荷密度 $\rho_v = \rho_0 \left(1 - \dfrac{R^2}{a^2} \right)$ ，其中 ρ_0 為常數，

存在於 $0 \le r \le a$ 之區域，外圍繞有層同心導體，內半徑 b，外半徑 c，

假設 ∞ 處電位為 0，求在 $r > R$ 及 $a < R < b$ 之電位 V。

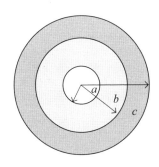

解 :

利用高斯定律 $\oint \vec{E} \cdot dS = \dfrac{Q}{\varepsilon_0} \Rightarrow \oint \vec{E} \cdot dS = \dfrac{1}{\varepsilon_0} \oint \rho dv$ ，得到

(1) $R < a$ ： $\vec{E} 4\pi R^2 = \dfrac{1}{\varepsilon_0} \int_0^r \rho_0 \left(1 - \dfrac{R^2}{a^2}\right) \dfrac{4}{3}\pi R^3 dR$

$$\Rightarrow \vec{E} = \dfrac{\rho_0}{4\pi\varepsilon_0 R^2}\left(\dfrac{\pi r^4}{3} - \dfrac{2\pi r^6}{9a^2}\right)\vec{a}_R \text{。}$$

$$V = -\int \vec{E} \cdot dR = -\int \dfrac{\rho_0}{4\pi\varepsilon_0 R^2}\left(\dfrac{\pi r^4}{3} - \dfrac{2\pi r^6}{9a^2}\right) dR$$

(2) $a < R < b$，$b < R < c$ 及 $R > c$ 之 $\vec{E}$ ：

$$\vec{E} 4\pi R^2 = \dfrac{1}{\varepsilon_0} \int_0^a \rho_0 (1 - \dfrac{R^2}{a^2}) \dfrac{4}{3}\pi a^3 dR \Rightarrow \vec{E} = \dfrac{\rho_0}{4\pi\varepsilon_0 R^2}\left(\dfrac{8\pi a^4}{9}\right)\vec{a}_R \text{。}$$

$$V = -\int \vec{E} \cdot dR - -\int \dfrac{\rho_0}{4\pi\varepsilon_0 R^2}\left(\dfrac{8\pi a^4}{9}\right) dR$$

17. 有三個半徑為 a 的導體球 (號碼為 0，1 及 2)，中心分別位於 x 軸上 $x = 0$，
$x = 10a$，$x = 20a$ 點，並分別帶有電荷 Q_0，Q_1 及 Q_2，求 1 號與 0 號球間
和 2 號與 0 號球間的電位差 V_{10} 和 V_{20}。

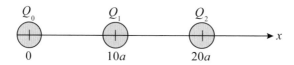

解 :

三個導體球互不影響，得到 $V_{10} = -\int_A^B (\vec{E}_0 + \vec{E}_1 + \vec{E}_2) \cdot dx$

$$V_{10} = \dfrac{-1}{4\pi\varepsilon_0} \int_a^{9a} \left(\dfrac{Q_0}{x^2} + \dfrac{Q_1}{(x - 10a)^2} + \dfrac{Q_2}{(x - 20a)^2}\right) dx$$

$$= \dfrac{-1}{4\pi\varepsilon_0}\left[\dfrac{8Q_0}{9a} + \dfrac{8Q_1}{9a} + \dfrac{8Q_2}{209a}\right]$$

$$V_{20} = V_{10} - \frac{1}{4\pi\varepsilon_0} \int_{11a}^{19a} \left(\frac{Q_0}{x^2} + \frac{Q_1}{(x-10a)^2} + \frac{Q_2}{(x-20a)^2} \right) dx$$

$$= V_{10} - \frac{1}{4\pi\varepsilon_0} \left[\frac{8Q_0}{209a} + \frac{8Q_1}{9a} + \frac{8Q_2}{9a} \right] = \frac{1}{4\pi\varepsilon_0} \left[\frac{1744_0}{1881a}(Q_2 - Q_0) \right]$$

18. 有二電荷相距 d (電偶極)，求 p 點的電位。

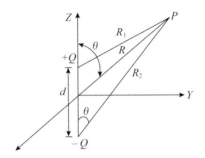

解：

首先利用電位的公式得到

$$V = \frac{Q}{4\pi\varepsilon_0} \left(\frac{1}{R_1} - \frac{1}{R_2} \right) = \frac{Q}{4\pi\varepsilon_0} \left(\frac{R_2 - R_1}{R_1 R_2} \right) \qquad (1)$$

由於是在自由空間中，因此使用圓球座標系統。將 (1) 式中的 $\dfrac{R_2 - R_1}{R_1 R_2}$ 轉換成圓球座標中的三個基本參數後，再取負電位梯度就可以得到電場強度了。

由題中可以得知 $R \gg d$，所以 R_1 及 R_2 可以當做是兩條平行線，使用三角函數的關係可以得到：

$$R_1 = R - \frac{d}{2}\cos\theta, \quad R_2 = R + \frac{d}{2}\cos\theta, \quad R_2 = R_1 + d\cos\theta \qquad (2)$$

將 (2) 式代入 (1) 式中，可以得到

$$V = \frac{Q}{4\pi\varepsilon_0}\left(\frac{d\cos\theta}{(R-\frac{d}{2}\cos\theta)(R+\frac{d}{2}\cos\theta)}\right) \qquad (3)$$

化簡 (3) 式為： $V = \frac{Q}{4\pi\varepsilon_0}\left(\dfrac{d\cos\theta}{R^2 - \dfrac{d^2}{4}\cos^2\theta}\right)$ 。由於 $R >> d$，

分母中的 $\dfrac{d^2}{4}\cos^2\theta$ 和 R_2 相比較可以忽略不計，

因此電位的大小為： $V = \dfrac{Qd\cos\theta}{4\pi\varepsilon_0 R^2}$ 。

19. 如圖所示，三點電荷之分佈，假設 $R >> d$（ $\dfrac{1}{R_1}$ 或 $\dfrac{1}{R_2}$ 之二項式展開時，

$\left(\dfrac{d}{R}\right)$ 的指數大於 2 以上的各項均可略而不計），求 P 點的電位 V。

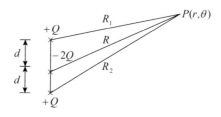

解：

首先利用電位的公式得到： $V_1 = \dfrac{Q}{4\pi\varepsilon_0 R_1}$ ， $V_2 = \dfrac{-2Q}{4\pi\varepsilon_0 R}$

及 $V_3 = \dfrac{Q}{4\pi\varepsilon_0 R_2}$ 。因此總電位為

$$V = V_1 + V_2 + V_3 = \frac{Q}{4\pi\varepsilon_0}\left[\frac{1}{R_1} - \frac{2}{R} + \frac{1}{R_2}\right] \qquad (1)$$

利用餘弦定理化簡 R_1 ， R_2 與 R 的關係，

$$R_1 = (R^2 + d^2 - 2Rd\cos\theta)^{\frac{1}{2}} \text{ , }$$

$$R_2 = (R^2 + d^2 + 2Rd\cos\theta)^{\frac{1}{2}} \text{ , }$$

再利用二項式展開得到

$$\frac{1}{R_1} = (R^2 + d^2 - 2Rd\cos\theta)^{\frac{-1}{2}} = \frac{1}{R}\Big[1 + \Big(\frac{d}{R}\Big)^2 - \frac{2d}{R}\cos\theta\Big]^{\frac{-1}{2}}$$

$$= \frac{1}{R}\Big[1 - \frac{1}{2}\Big(\frac{d^2}{R^2} - \frac{2d}{R}\cos\theta\Big) + \frac{1}{8}\Big(\frac{d^2}{R^2} - \frac{2d}{R}\cos\theta\Big)^2 - \cdots\Big]$$

$$\approx \frac{1}{R}\Big[1 - \frac{d}{R}\cos\theta + \frac{d^2}{R^2}\Big(\frac{3\cos^2\theta - 1}{2}\Big)\Big] \tag{2}$$

$$\frac{1}{R_2} = (R^2 + d^2 + 2Rd\cos\theta)^{\frac{-1}{2}} = \frac{1}{R}\Big[1 + \Big(\frac{d}{R}\Big)^2 + \frac{2d}{R}\cos\theta\Big]^{\frac{-1}{2}}$$

$$= \frac{1}{R}\Big[1 - \frac{1}{2}\Big(\frac{d^2}{R^2} + \frac{2d}{R}\cos\theta\Big) + \frac{3}{8}\Big(\frac{d^2}{R^2} + \frac{2d}{R}\cos\theta\Big)^2 - \cdots\Big]$$

$$\approx \frac{1}{R}\Big[1 + \frac{d}{R}\cos\theta + \frac{d^2}{R^2}\Big(\frac{3\cos^2\theta - 1}{2}\Big)\Big] \tag{3}$$

將 (2) 式及 (3) 式代入 (1) 式中，得到 $V = \dfrac{Qd^2}{4\pi\varepsilon_0 R^3}(3\cos^2\theta - 1)$ 。

Unit 12-5

電 容

1. 如圖所示，兩個電容器 C_1 及 C_2 各帶 Q_1 及 Q_2，求當開關 SW 關上時所消耗之能量。

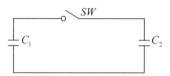

解：

當開關關上時，利用分壓原理

(1) 電容器 C_1 的電荷 $Q_a = \dfrac{C_1(Q_1+Q_2)}{C_1+C_2}$，

(2) 電容器 C_2 的電荷 $W_b = \dfrac{C_2(Q_1+Q_2)}{C_1+C_2}$

在開關打開時，能量為 $W_o = \dfrac{Q_1^2}{2C_1} + \dfrac{Q_2^2}{2C_2}$，在開關關上時能量為

$$W_c = \frac{Q_a^2}{2C_1} + \frac{Q_b^2}{2C_2} = \frac{\dfrac{C_1^2(Q_1+Q_2)^2}{(C_1+C_2)^2}}{2C_1} + \frac{\dfrac{C_2^2(Q_1+Q_2)^2}{(C_1+C_2)^2}}{2C_2} = \frac{(Q_1+Q_2)^2}{2(C_1+C_2)}$$

所消耗之能量為 $W_o - W_c = \left(\dfrac{Q_1^2}{2C_1} + \dfrac{Q_2^2}{2C_2} \right) - \left(\dfrac{(Q_1+Q_2)^2}{2(C_1+C_2)} \right)$

2. 如圖所示，一平行電容器，假設該板之面積 $S = 36\text{cm}^2$，$d = 5\text{mm}$，$\varepsilon_1 = 10\varepsilon_0$ 及 $\varepsilon_2 = 3\varepsilon_0$，如果此電容器之電容為 $130pF$，則二介質之厚度 d_1 及 d_2 各為多少？

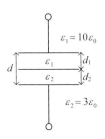

解：

利用電容公式：$C_1 = \dfrac{\varepsilon_1 S_1}{d_1} = 10\varepsilon_0 \dfrac{36 \times 10^{-4}}{d_1} = \dfrac{3.6 \times 10^{-2}\varepsilon_0}{d_1}$

$C_2 = \dfrac{\varepsilon_2 S_2}{d_2} = 3\varepsilon_0 \dfrac{36 \times 10^{-4}}{d_2} = \dfrac{1.08 \times 10^{-2}\varepsilon_0}{d_2}$

由於為串聯，$\dfrac{1}{C} = \dfrac{1}{C_1} + \dfrac{1}{C_2}$，所以

$$\frac{d_1}{3.6 \times 10^{-2}\varepsilon_0} + \frac{d_2}{1.08 \times 10^{-2}\varepsilon_0} = \frac{1}{1.3 \times 10^{-10}} \tag{1}$$

並且

$$d_1 + d_2 = 5 \times 10^{-5} \tag{2}$$

聯立解 (1) 式及 (2) 式，得到 $d_1 = 0.003426153846154$，
$d_2 = -0.003601153846154$，d_2 小於零，本題無解。

3. 求液面在平行板電容器內上升的高度 h？(若該溶液的相對介質係數為 ε_r，比重為 ρ_g，兩平行板間的距離為 d，並且電容器兩端的電壓固定為 V)。

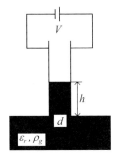

解 :

(1) 先由牛頓定律 $\vec{F} = \rho_g adhg$

(2) 當液面上升 dx 時：$d\vec{U} = \left(\dfrac{1}{2}\varepsilon\vec{E}^2 - \dfrac{1}{2}\varepsilon_0\vec{E}^2\right)addx$，並且 $\varepsilon = \varepsilon_r\varepsilon_0$

及 $\vec{E} = \dfrac{V}{d}$

將 $\vec{E} = \dfrac{V}{d}$ 代入，可以得到

$d\vec{U} = \dfrac{1}{2}(\varepsilon - \varepsilon_0)\dfrac{V^2 addx}{d^2} = dU = \dfrac{(\varepsilon - \varepsilon_0)V^2 a}{2d}dx$，所以

$\dfrac{d\vec{U}}{dx} = \dfrac{(\varepsilon - \varepsilon_0)V^2 a}{2d} = \vec{F} = \rho_g adhg$

(3) 由 (1) 及 (2) 中解出：$h = \dfrac{(\varepsilon - \varepsilon_0)V^2}{2d^2\rho_g}$

4. 如圖所示，二邊長 a 之正方形平板夾角 θ 為很小值時，求電容值。

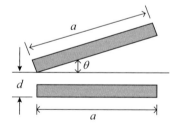

解 :

上下板之距離 $l(x) = d + x\tan\theta \approx d + x\theta$

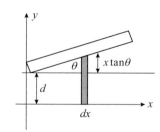

$$dC = \frac{\varepsilon_0 A}{l(x)} = \frac{\varepsilon_0 a dx}{d + x\theta} \Rightarrow C = \int dC = \int_0^a \frac{\varepsilon_0 a dx}{d + x\theta} = \frac{\varepsilon_0 a}{\theta} \ln(d + \theta x)\big|_0^a = \frac{\varepsilon_0 a}{\theta} \ln(\frac{d + \theta a}{d})$$

5. 有一平行板電容器，面積為 A，距離為 d：(1) 充入 Q 電荷，求兩板間之吸引力？(忽略邊際效應)。(2) 兩板間充填電介質，如中間圖所示，求電容值。(3) 如果電介質充填方式改為下右圖，則電容值為多少。

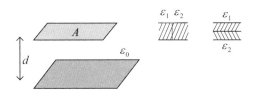

⊛：

(1) 電容公式：$C = \frac{\varepsilon_0 A}{d}$，功的公式：$W = \frac{1}{2}\frac{Q^2}{C} = W = \frac{1}{2}\frac{Q^2}{\frac{\varepsilon_0 A}{d}} = \frac{Q^2 d}{2\varepsilon_0 A}$，

因此吸引力：$F = \frac{\partial W}{\partial d} = \frac{Q^2}{2\varepsilon_0 A}$。

(2) $C_1 = \frac{\varepsilon_1 \frac{A}{2}}{d} = \frac{\varepsilon_1 A}{2d}$，$C_2 = \frac{\varepsilon_2 \frac{A}{2}}{d} = \frac{\varepsilon_2 A}{2d}$ 電容為並聯，

$C_p = C_1 + C_2 = \frac{(\varepsilon_1 + \varepsilon_2)A}{2d}$

(3) $C_1 = \frac{\varepsilon_1 \frac{A}{2}}{d} = \frac{\varepsilon_1 A}{2d}$，$C_2 = \frac{\varepsilon_2 \frac{A}{2}}{d} = \frac{\varepsilon_2 A}{2d}$ 電容為串聯，

$C_s = \frac{C_1 \times C_2}{C_1 + C_2} = \frac{\varepsilon_1 d + \varepsilon_2 d}{2\varepsilon_1 \varepsilon_2 A}$

6. 如圖所示，一半徑為 b，間隔為 d 之平行金屬圓板電容器，電容器中有一內外半徑各為 a 及 b，介電率為 ε_2 之圓環及有一厚度為 t 介電率為 ε_2 半徑為 a 之圓板，電容器外加一電壓 V，求電容器之電容值。

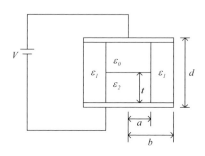

解：

將完整圖畫出

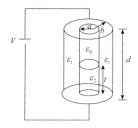

此時：$C_1 = \dfrac{\varepsilon_1 A}{d} = \dfrac{\varepsilon_1 \pi (b^2 - a^2)}{d}$，

內環上半部：$C_0 = \dfrac{\varepsilon_0 A_0}{d} = \dfrac{\varepsilon_1 \pi a^2}{d - t}$，內環下半部：$C_2 = \dfrac{\varepsilon_2 A_2}{d} = \dfrac{\varepsilon_2 \pi a^2}{t}$

由圖中得知內環為串聯後再與外環並聯，因此

$$C = \frac{C_0 \cdot C_2}{C_0 + C_2} + C_1 = \frac{\varepsilon_1 \pi (b^2 - a^2)}{d} + \frac{\varepsilon_0 \varepsilon_2 \pi a^2}{\varepsilon_0 t + \varepsilon_2 (d - t)}$$

7. 如圖所示，面積為 A 之兩平行金屬板，距離為 d，其間填充兩層介電物質，介電率分別為 ε_1 及 ε_2。介電質厚度 t，其餘為介電率 ε_2 之介電質。

兩平行板間接 V_0 之電壓源，求平行金屬板之電容。

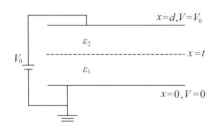

解：

$$C_1 = \frac{\varepsilon_1 A}{t} \text{，} C_2 = \frac{\varepsilon_2 A}{d-t} \text{，電容為串聯：} C_s = \frac{C_1 \cdot C_2}{C_1 + C_2} = \frac{\varepsilon_1 \varepsilon_2 A}{\varepsilon_1(d-t) + \varepsilon_2 t} \quad 。$$

8. 有一由兩平行金屬板所組成的電容器，各平行金屬板積均為 A，兩板間距為 d，假設金屬板間為空氣，其介電係數 (permittivity) 為 $\varepsilon = 4\varepsilon_0$，並且邊緣效應可忽略。現為增加電容器之電容，把介電係數為 a 的介電板插入電容器中，但介電板之體積僅可佔原電極板間體積之一半。介質板之形狀與位置應如何方可使電容值變為最大？

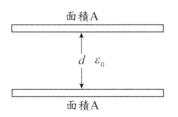

解：

電容連接分成串聯及並聯，只有並聯才會加大電容值，因此用如下圖之接法。

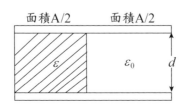

$$總電容 C_t = C_1 + C_2 = \frac{\varepsilon\frac{A}{2}}{d} + \frac{\varepsilon_0\frac{A}{2}}{d} \quad，代入 \varepsilon = 4\varepsilon_0，$$

$$得到 C_t = \frac{4\varepsilon_0\frac{A}{2}}{d} + \frac{\varepsilon_0\frac{A}{2}}{d} = \frac{5\varepsilon_0 A}{2d}$$

9. 如圖所示，兩平行板之距離為 d，電荷密度為 $\pm\rho$，中間介電質為 ε，面板的表面積均為 S，求出兩平板間的電容值 C 的大小。

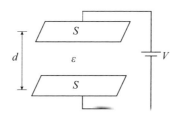

解：

由 $\vec{E} = \frac{\rho}{\varepsilon}$ 及 $V_{od} = -\int_d^0 \vec{E} \cdot d\vec{l} = -\int_d^0 \frac{\rho}{\varepsilon} dz = \frac{\rho d}{\varepsilon}$ 中，經由電荷 $Q = S\rho$，

代入電位公式中 $V_{od} = \frac{\rho ds}{\varepsilon S}$，由電容的定義中得知：$C = \frac{Q}{V} = \frac{\varepsilon S}{d}$

10. 如圖所示，距離為 d，中間的介電係數分別為 ε_1 及 ε_2，平板的表面積分別為 S_1 及 S_2，求出兩板間電容數值 C 的大小。

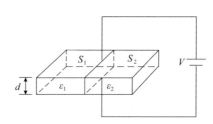

解：

由於此兩個緊接之物體電位均為 V，S_1 之電荷為 Q_1，S_2 電荷為 Q_2，

所以 $V = \dfrac{Q_1}{C_1} = \dfrac{Q_2}{C_2}$ ，又由定義得知 $V = \dfrac{Q_d}{\varepsilon S}$ ，代入上式中：

$V = \dfrac{Q_1 d}{\varepsilon_1 S_1} = \dfrac{Q_2 d}{\varepsilon_2 S_2}$ 。而總電荷為 $Q_t = Q_1 + Q_2$，所以

$$C_t = \frac{Q_t}{V} = \frac{Q_1 + Q_2}{V} = \frac{Q_1}{V} + \frac{Q_2}{V} = \frac{\dfrac{\varepsilon_1 S_1}{d} V}{V} + \frac{\dfrac{\varepsilon_2 S_2}{d} V}{V}$$

$$= \frac{\varepsilon_1 S_1}{d} + \frac{\varepsilon_2 S_2}{d} = C_1 + C_2 \ 。$$

11. 如圖所示，距離分別為 d_1 及 d_2，中間的介電係數分別為 ε_1 及 ε_2，平板
的表面積均為 S，求出兩板間電容數值 C 的大小。

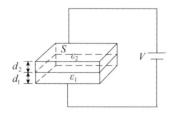

解：

由圖可知 $d = d_1 + d_2$，而且 $V_t = V_1 + V_2$，但是電荷均為 Q，所以

$$V_t = V_1 + V_2 = E_1 d_1 + E_2 d_2 = \frac{Q d_1}{\varepsilon_1 + S_1} + \frac{Q d_2}{\varepsilon_2 + S_2}$$

$$= Q\left[\frac{d_1}{\varepsilon_1 + S_1} + \frac{d_2}{\varepsilon_2 + S_2} \right] = Q\left[\frac{1}{C_1} + \frac{1}{C_2} \right]$$

因此：$\dfrac{V_t}{Q} = \dfrac{1}{C} = \dfrac{1}{C_1} + \dfrac{1}{C_2}$ 。

12. 如圖所示，頂板傾斜的大小為 b，中間的介電係數為 ε，底板的長寬各為 l 及 W，求出此電容數值 C 的大小，說明當 b 為多少時，C 會有極值產生，並且此一極值為多少。

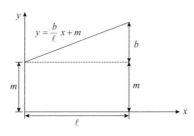

解：

  (1) 由電容的定義：$dC = \dfrac{\varepsilon W dx}{y} = \dfrac{\varepsilon W dx}{\dfrac{b}{\ell}x + m}$ ，

  所以 $C = \displaystyle\int dC = \int_0^{\ell} \dfrac{\varepsilon W dx}{\dfrac{d}{\ell}x + m} = \dfrac{\varepsilon W \ell}{b} \ln\left(1 + \dfrac{b}{m}\right)$

  (2) 當 $b \to 0$ 時，取 $\displaystyle\lim_{b \to 0} C = \lim_{b \to 0} \dfrac{\varepsilon W \ell \left(\dfrac{1}{1 + \dfrac{b}{m}}\right)\left(\dfrac{1}{m}\right)}{1} = \varepsilon W \ell \left(\dfrac{1}{m}\right) = \dfrac{\varepsilon W \ell}{m}$

  (利用羅必達原理，分子分母同時對 b 微分) 因此，當 $b = 0$，回到平板電容的數值當中。

13. 如圖所示，同軸電纜導線，此種電纜線在訊號傳輸上有非常重要的作用，內徑為 a，外徑為 b，中間的介電係數為 ε，求出長度為 l 時之電容數值 C 的大小。

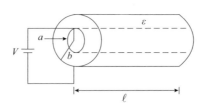

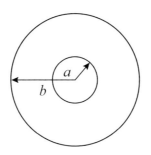

解：

利用前面例題的結果，得知內部電場 $\vec{E} = \dfrac{a\rho}{\varepsilon r}$

所以 $V_{ab} = -\displaystyle\int_b^a \vec{E} \cdot dr = -\int_b^a \dfrac{\rho a}{r\varepsilon} dr = \dfrac{\rho a}{\varepsilon} \ln r \Big|_a^b$

$\qquad = \dfrac{\rho a \times 2\pi l}{\varepsilon \times 2\pi l} \ln \dfrac{b}{a} = \dfrac{Q}{\varepsilon \times 2\pi l} \ln \dfrac{b}{a}$

代入 $C = \dfrac{Q}{V_{ab}} = \dfrac{2\pi\varepsilon l}{\ln \dfrac{b}{a}}$ 。在 $\ell = 1$ 公尺之下的電容值為： $C = \dfrac{2\pi\varepsilon}{\ln \dfrac{b}{a}}$ (F)

14. 如圖所示之同軸電纜，內導體半徑為 a，外導體半徑為 b，其間充以介電係數為 ε 之介電質。求 (1) 此電纜單位長度之電容。(2) 假設 b 為固定值，並且 $r = a$ 時 $\Phi = V$，$r = b$ 時 $\Phi = 0$，求使 $E(a)$ 為最小值時之 a 值。 187

解：

(1) 利用前面例題的結果，得知在 $\ell = 1$ 公尺之下的

電容值為： $C = \dfrac{2\pi\varepsilon}{\ln \dfrac{b}{a}}$ (F)

(2) 由圓柱座標 $\nabla^2 \Phi = \dfrac{1}{r} \dfrac{\partial}{\partial r} \left(r \dfrac{\partial \Phi}{\partial r} \right) = 0$ ，積分得到 $\Phi = A \ln r + B$。

代入初始條件， $\Phi(a) = V$ 及 $\Phi(b) = 0$，

求出 $A \ln a + B = V$，$A \ln b + B = 0$。

解出 $A = \dfrac{-V}{\ln \dfrac{b}{a}}$，$B = \dfrac{-V \ln b}{\ln \dfrac{b}{a}}$，所以 $\Phi = \dfrac{-V}{\ln \dfrac{b}{a}} \ln r - \dfrac{-V \ln b}{\ln \dfrac{b}{a}}$。

由 $\overline{E} = -\nabla \Phi = \dfrac{1}{r} \dfrac{V}{\ln \dfrac{b}{a}} \vec{a}_r$，求出 $\overline{E}(a) = \dfrac{1}{a} \dfrac{V}{\ln \dfrac{b}{a}}$

(3) 利用微分 $\dfrac{\partial \overline{E}(a)}{\partial a} = \dfrac{\partial \left(\dfrac{1}{a} \dfrac{V}{\ln \dfrac{b}{a}} \right)}{\partial a} = 0$，得到 $\ln b - \ln a = 1$，

因此 $\ln \dfrac{b}{a} = 1$，求出 $a = \dfrac{b}{e}$。

圖解電磁學

15. 有一同軸電纜，內半徑為 a，外半徑為 b，介電係數在 $a \sim \dfrac{1}{2}(a+b)$ 之間為 ε_1，$\dfrac{1}{2}(a+b) \sim b$ 之間為 ε_2，求電容值。

解：

(1) 在 $a < r < \dfrac{a+b}{2}$ 中，$\vec{E}_1(r) = \dfrac{Q}{2\pi\varepsilon_1 r}$。

(2) 在 $\dfrac{a+b}{2} < r < b$ 中，$\vec{E}_2(r) = \dfrac{Q}{2\pi\varepsilon_2 r}$。

(3) $V = -\int \vec{E} \cdot dl = -\left[\int_{\frac{a+b}{2}}^{a} \dfrac{Q}{2\pi\varepsilon_1 r} dr + \int_{b}^{\frac{a+b}{2}} \dfrac{Q}{2\pi\varepsilon_2 r} dr \right]$

$= \dfrac{Q}{2\pi\varepsilon_1} \ln \dfrac{a+b}{2} + \dfrac{Q}{2\pi\varepsilon_2} \ln \dfrac{2b}{a+b}$

所以 $C = \dfrac{Q}{V} = \dfrac{1}{\dfrac{\ln \dfrac{a+b}{2}}{2\pi\varepsilon_1} + \dfrac{\ln \dfrac{2b}{a+b}}{2\pi\varepsilon_2}}$

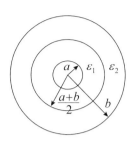

16. 如圖所示，兩平行導線，使用於電力系統輸電線上求解線間電容之用，軸心相距 D，半徑為 a $(D \gg a)$，求出兩平行導線間的電容 C 的大小。

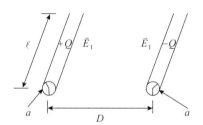

解：

　由 $\vec{E}_t = \vec{E}_1 + \vec{E}_2$ 中，再由前面之例題得到：

$$E_1 = \frac{Q}{2\pi\varepsilon_0 r} \quad , \quad E_2 = \frac{Q}{2\pi\varepsilon_0 (D-r)}$$

$$V = -\int_{D-a}^{a} \vec{E}_t \cdot dr = \int_{D-a}^{a} \frac{Q}{2\pi\varepsilon_0}\left(\frac{1}{r} + \frac{1}{D-r}\right)dr$$

$$= \frac{Q}{2\pi\varepsilon_0}\left[\ln\frac{D-a}{a} - \ln\frac{D-(D-a)}{D-a}\right] = \frac{Q}{\pi\varepsilon_0}\ln\frac{D-a}{a} \quad 。$$

　由 $C = \dfrac{Q}{V} = \dfrac{\pi\varepsilon_0}{\ln\dfrac{D-a}{a}}$　，又 $D \gg a$，所以 $C \cong \dfrac{\pi\varepsilon_0}{\ln\dfrac{D}{a}}\,(\text{F})$

17. 圖示一對拉長之平行圓柱形導體，半徑分別為 a 與 b，二軸相距為 S，假設 $S >> a$，$S >> b$，根據電容定義 $C = \left(\dfrac{Q}{V}\right)$，試證 $C = \dfrac{2\pi\varepsilon_0}{\ln\dfrac{(s-a)(s-b)}{ab}}$。

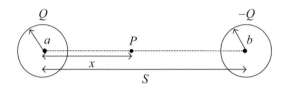

(解) :

(1) 由高斯定律：

左邊的圓柱：$\vec{E}_1(x) = \dfrac{Q}{2\pi\varepsilon_0 x}$ ，右邊的圓柱：$\vec{E}_2(x) = \dfrac{Q}{2\pi\varepsilon_0(s-x)}$

(2) $V = -\int \vec{E} \cdot dl = -\left[\displaystyle\int_a^{s-b} \dfrac{Q}{2\pi\varepsilon_0 x}dx + \int_a^{s-b} \dfrac{Q}{2\pi\varepsilon_0(s-x)}dx\right]$

$= \dfrac{Q}{2\pi\varepsilon_0}\Big[\ln x - \ln(s-x)\Big]\Big|_a^{s-b} = \dfrac{Q}{2\pi\varepsilon_0}\ln\dfrac{(s-a)(s-b)}{ab}$

(3) $C = \dfrac{Q}{V} = \dfrac{2\pi\varepsilon_0}{\ln\dfrac{(s-a)(s-b)}{ab}}$

18. 將 n 個半徑為 a 的相同帶電小球，使用適當的方法，使其揉合成一個大球體，求大球與原先小球的電位 V 之比，以及對應的電容 C 之比。

(解) :

小球體積為 $v_S = \dfrac{4\pi R_S^3}{3}$ ，大球體積為 $v_L = nv = \dfrac{4\pi R_L^3}{3}$ ，

所以：$\dfrac{nv}{v} = \dfrac{\dfrac{4\pi R_L^3}{3}}{\dfrac{4\pi R_S^3}{3}} \Rightarrow n = \dfrac{R_L^3}{R_S^3} \Rightarrow \dfrac{R_L}{R_S} = \sqrt[3]{n}$

1. $\dfrac{V_L}{V_S} = \dfrac{\dfrac{Q_L}{4\pi\varepsilon_0 R_L}}{\dfrac{Q_S}{4\pi\varepsilon_0 R_S}} = \dfrac{Q_L R_S}{Q_S R_L} = \dfrac{nQ_S}{Q_S} \times \dfrac{1}{\sqrt[3]{n}} = \sqrt[3]{n^2}$

2. $\dfrac{C_L}{C_S} = \dfrac{\dfrac{Q_L}{V_L}}{\dfrac{Q_S}{V_S}} = \dfrac{Q_L \times V_S}{Q_S \times V_L} = \dfrac{nQ_S}{Q_S} \times \dfrac{1}{\sqrt[3]{n^2}} = \sqrt[3]{n}$

19. 如圖所示，有一個球形電容器，結構是將半徑為 a 的金屬球置於內徑為 b 的金屬球殼中，並且在兩者之間填充均勻之有損介質，相對介電係數為 ε_r，導電係數為 σ，求電容器之電容值。

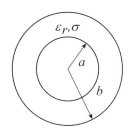

ε_r, σ

解：

(1) 由高斯定律：球體電場：$\vec{E}(R) = \dfrac{Q}{4\pi\varepsilon_r R^2}$

(2) $V = -\displaystyle\int \vec{E} \cdot dl = -\left[\int_b^a \dfrac{Q}{4\pi\varepsilon_r R^2} dR\right] = \dfrac{Q}{4\pi\varepsilon_0} \dfrac{1}{R}\Big|_b^a = \dfrac{Q}{4\pi\varepsilon_0}\left(\dfrac{1}{a} - \dfrac{1}{b}\right)$

(3) $C = \dfrac{Q}{V} = \dfrac{4\pi\varepsilon_0}{\dfrac{1}{a} + \dfrac{1}{b}} = \dfrac{4\pi\varepsilon_0 ab}{a + b}$

20. 有一孤立的導電球 (半徑為 b)，鍍上一層均勻厚度 d 的絕緣材料 (極化率為 χ_e)。求 (1) 此導電球的電容。(2) 假設 $d = b/10$，$\chi_e = 2$，求：電容較未鍍絕緣材料時，所增加或減少的百分比。

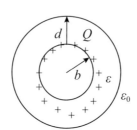

解：

(1) 在 $b < R < d$ 中，$\vec{E}_1 = \dfrac{Q}{4\pi\varepsilon R^2}$ 及在 $b + d < R$ 中，$\vec{E}_1 = \dfrac{Q}{4\pi\varepsilon_0 R^2}$

(2) $V = -\int \vec{E} \cdot dl = -\left[\int_{b+d}^{b} \dfrac{Q}{4\pi\varepsilon R^2} dR + \int_{\infty}^{b+d} \dfrac{Q}{4\pi\varepsilon_0 R^2} dR \right]$

$= \dfrac{Q}{4\pi\varepsilon} \left. \dfrac{1}{R} \right|_{b+d}^{b} + \dfrac{Q}{4\pi\varepsilon_0} \left. \dfrac{1}{R} \right|_{\infty}^{b+d} = \dfrac{Q}{4\pi\varepsilon} \left[\dfrac{1}{b} - \dfrac{1}{b+d} \right] + \dfrac{Q}{4\pi\varepsilon_0} \dfrac{1}{b+d}$

$= \dfrac{Q(\varepsilon_0 d + \varepsilon b)}{4\pi\varepsilon\varepsilon_0 b(b+d)}$

(3) $C = \dfrac{Q}{V} = \dfrac{4\pi\varepsilon\varepsilon_0 b(b+d)}{(\varepsilon_0 d + \varepsilon b)}$

(4) 原先之 $C_0 = 4\pi\varepsilon_0 b$ ，而代入已知之數值 $d = b/10$，$\chi_e = 2$，得到

$C = \dfrac{4\pi(1+\chi_e)\varepsilon_0\varepsilon_0 b(b+0.1b)}{(\varepsilon_0(0.1b)) + (1+\chi_e)\varepsilon_0 b} = \dfrac{4\pi \times 3\varepsilon_0\varepsilon_0 b \times 1.1b}{0.1\varepsilon_0 b + 3\varepsilon_0 b} = \dfrac{13.2\pi\varepsilon_0^2 b^2}{3.1\varepsilon_0 b} = \dfrac{13.2\pi\varepsilon_0 b}{3.1}$

因此減少的百分比為

$\dfrac{C_0 - C}{C_0} = \dfrac{\dfrac{13.2\pi\varepsilon_0 b}{3.1} - 4\pi\varepsilon_0 b}{4\pi\varepsilon_0 b} = \dfrac{\dfrac{13.2}{3.1} - 4}{4} = \dfrac{13.2 - 4 \times 3.1}{4 \times 3.1} = \dfrac{0.8}{12.4} = 0.0645 = 6.45\%$

21. 二金屬球相距 S，A 球半徑為 a，B 球半徑為 b，$S >> a$，$S >> b$，求兩球之間的電容。

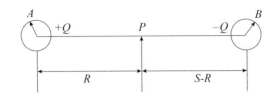

解：

(1) 由高斯定律：

左邊的圓球：$\vec{E}_A(R) = \dfrac{Q}{4\pi\varepsilon_0 R^2}$，

右邊的圓球：$\vec{E}_B(R) = \dfrac{Q}{4\pi\varepsilon_0 (s-R)^2}$

(2) $V = -\displaystyle\int \vec{E} \cdot dl = -\left[\int_{s-b}^{a} \dfrac{Q}{4\pi\varepsilon_0 R^2} dR + \int_{s-b}^{a} \dfrac{Q}{4\pi\varepsilon_0 (s-R)^2} dR \right]$

$= \dfrac{Q}{4\pi\varepsilon_0} \dfrac{1}{R} \Big|_{s-b}^{a} + \dfrac{Q}{4\pi\varepsilon_0} \dfrac{1}{(s-R)} \Big|_{a}^{s-b} = \dfrac{Q}{4\pi\varepsilon_0} \left[\dfrac{1}{a} + \dfrac{1}{b} - \dfrac{1}{s-a} - \dfrac{1}{s-b} \right]$

(3) $C = \dfrac{Q}{V} = \dfrac{4\pi\varepsilon_0}{\dfrac{1}{a} + \dfrac{1}{b} - \dfrac{1}{s-a} - \dfrac{1}{s-b}}$，因為 $S >> a$，$S >> b$，

所以化簡成 $C = \dfrac{Q}{V} = \dfrac{4\pi\varepsilon_0}{\dfrac{1}{a} + \dfrac{1}{b}} = \dfrac{4\pi\varepsilon_0 ab}{a+b}$

Unit 12-6
電　流

1. 證明在導電係數 (conductivity) σ_1 及 σ_2 之兩導體界面之邊界條件為：

$$\frac{\sigma_1}{\sigma_2} = \frac{\vec{E}_{2n}}{\vec{E}_{2n}} = \frac{\vec{J}_{1t}}{\vec{J}_{2t}} \; ,$$

其中 E_{n1} 及 E_{n2} 為電場強度之垂直分量，J_{t1} 及 J_{t2} 為面電流密度之平行分量。

解：

(1) 流場垂直通過介質界面時：$\vec{J}_{1n} = \vec{J}_{2n} \Rightarrow \sigma_1 \vec{E}_{1n} = \sigma_2 \vec{E}_{2n}$ ，

　　因此：$\dfrac{\sigma_1}{\sigma_2} = \dfrac{E_{2n}}{E_{2n}}$

(2) 電流場平行介質界面時：$\vec{E}_{1t} = \vec{E}_{2t}$ ，而 $\vec{J} = \sigma \vec{E} \Rightarrow \vec{E} = \dfrac{\vec{J}}{\sigma}$ ，

　　因此：$\dfrac{\vec{J}_{1t}}{\sigma_1} = \dfrac{\vec{J}_{2t}}{\sigma_2} \Rightarrow \dfrac{\sigma_1}{\sigma_2} = \dfrac{\vec{J}_{1t}}{\vec{J}_{2t}}$ 。

　　得證：$\dfrac{\sigma_1}{\sigma_2} = \dfrac{\vec{E}_{2n}}{\vec{E}_{2n}} = \dfrac{\vec{J}_{1t}}{\vec{J}_{2t}}$

2. 有一無限直線導線，通以交流電流 $i(t) = \sin(100\pi t)$ ，另有接電阻 $R = 100\Omega$ 的導線迴路與直線導線共平面，形狀、尺寸和位置如圖所示，求通過電阻 R 的電流均方根 (rms) 值。

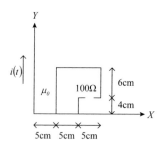

解 ：

(1) 利用安培定律可以得到 $\vec{B} = \dfrac{\mu_0 I}{2\pi x}\vec{a}_\phi$ ，代入 $i(t)=\sin(100\pi t)$ 得到

$$\vec{B} = \frac{\mu_0 \sin(100\pi t)}{2\pi x}\vec{a}_\phi$$

(2) 磁通為 $\phi = \int \vec{B}\cdot d\vec{S} = \int \dfrac{\mu_0 \sin(100\pi t)}{2\pi x}dxdy$ ，所以

$$\phi = \frac{\mu_0 \sin(100\pi t)}{2\pi}\left[\int_5^{10}\frac{1}{x}dx\int_0^4 dy + \int_{10}^{15}\frac{1}{x}dx\int_4^{10}dy\right]$$

$$= \frac{\mu_0 \sin(100\pi t)}{2\pi}\left[0.04\ln 2 + 0.06\ln 3\right]$$

(3) 利用法拉第定律

$$V = -\frac{d\phi}{dt} = \frac{100\pi\mu_0 \cos(100\pi t)}{2\pi}\left[0.04\ln 2 + 0.06\ln 3\right]$$

$$= \mu_0 \cos(100\pi t)\left[2\ln 2 + 3\ln 3\right]$$

$$i_{rms} = \frac{V_{max}}{\sqrt{2}R} = \frac{\mu_0\left[2\ln 2 + 3\ln 3\right]}{100\sqrt{2}} = \frac{4\pi\times 10^{-7}\left[2\ln 2 + 3\ln 3\right]}{100\sqrt{2}}$$

$$= \frac{\sqrt{2}\pi\times 10^{-7}(2\ln 2 + 3\ln 3)}{50} \approx 3.206\times 10^{-8}\,(A)$$

195

3. 如圖所示，有一層無限大磁性材料存在於 $1 \le z \le 2$ 之間，磁化係數 $x_m = \dfrac{z}{2}$ 為非均質性，現在加一均勻磁場 $\vec{B}=B_0\vec{a}_x$ 在磁性介質外，求 (1) 在材料內之等值磁化電流密度 $\vec{J}_m$ 。(2) 在 $z =1$ 及 $z =2$ 上之等值面磁化流電密度 $\vec{J}_m$ 。

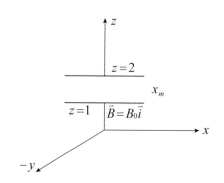

(解)：

(1) 由 $\vec{H} = \dfrac{\vec{B}_0}{\mu_0}\vec{a}_x$ ，$\vec{M} = x_m\vec{H}\vec{a}_x = \dfrac{z\vec{B}_0}{2\mu_0}\vec{a}_x$ 。利用公式

$$\vec{J}_m = \nabla \times \vec{M} = \begin{bmatrix} \vec{a}_x & \vec{a}_y & \vec{a}_z \\[6pt] \dfrac{\partial}{\partial x} & \dfrac{\partial}{\partial y} & \dfrac{\partial}{\partial z} \\[12pt] \dfrac{z\vec{B}_0}{2\mu_0} & 0 & 0 \end{bmatrix} = \dfrac{\vec{B}_0}{2\mu_0}\vec{a}_y$$

(2) 由 $\vec{J}_m = \vec{M} \times \vec{a}_n$

在 $z = 1$ 上之等值面：$\vec{J}_m = \dfrac{\vec{B}_0 \cdot 1}{2\mu_0}\vec{a}_x(-\vec{a}_z) = \dfrac{\vec{B}_0}{2\mu_0}\vec{a}_y$

在 $z = 2$ 上之等值面：$\vec{J}_m = \dfrac{\vec{B}_0 \cdot 2}{2\mu_0}\vec{a}_x(-\vec{a}_z) = \dfrac{\vec{B}_0}{\mu_0}\vec{a}_y$

4. 均勻電流依負 y 軸於導體內流動，導電係數為 σ，假設在導體中鑿一個圓柱體之空洞，半徑為 R 其軸為 z 軸，試求電流密度 $\vec{J}(r,\theta)$。

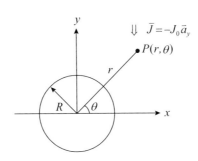

：

取原點為參考點，由 $\vec{J}$ 所產生的電位為

$$V_0 = -\int \vec{E} \cdot dl = -\int (\frac{-\vec{J}_0}{\sigma})\vec{a}_y \cdot dl = \frac{\vec{J}_0}{\sigma} y = \frac{\vec{J}_0 r \sin\theta}{\sigma}$$

利用電位方程式 及 $\vec{J}$ 對稱於 yz 平面，因此電位為

$$V = \sum_{n=1}^{\infty} (A_n r^n \sin n\theta + B_n r^{-n} \sin n\theta) \tag{1}$$

(1) $r > R$：經由邊界條件 $r \to \infty$，$V_0 = \dfrac{\vec{J}_0 r \sin\theta}{\sigma}$ ，

比較 (1) 式得到 $n = 1$

$$V = A_1 r \sin\theta + B_1 r^{-1} \sin\theta = \frac{\vec{J}_0}{\sigma} r \sin\theta + B_1 \frac{1}{r}\sin\theta \tag{2}$$

所以 $A_1 = \dfrac{\vec{J}_0}{\sigma}$ ，當 $r = R$，

$$\frac{\partial V}{\partial r}\bigg|_{r=R} = 0 \Rightarrow A_1 \sin\theta + (-1)1B_1 r^{-2}\sin\theta\big|_{r=R} = 0 \Rightarrow \frac{\vec{J}_0}{\sigma} + (-1)1B_1 R^{-2} = 0$$

所以 $B_1 = \dfrac{\vec{J}_0 R^2}{\sigma}$ ，求出

$$V = \frac{\vec{J}_0}{\sigma} r \sin\theta + \frac{\vec{J}_0 R^2}{\sigma r} \sin\theta \tag{2}$$

(2) $\vec{J} = \sigma\vec{E} = -\sigma\nabla\vec{V}$ ：$\vec{J} = -\sigma\left[\dfrac{1}{1}\dfrac{\partial V}{\partial r}\vec{a}_r + \dfrac{1}{r}\dfrac{\partial V}{\partial \theta}\vec{a}_\theta\right]$

$$\vec{J} = [-\vec{J}_0 \sin\theta + \frac{\vec{J}_0 R^2}{r^2}\sin\theta]\vec{a}_r - [\vec{J}_0 r\cos\theta + \frac{\vec{J}_0 R^2}{r}\cos\theta]\vec{a}_\theta \tag{3}$$

Unit 12-7
電 阻

1. 如圖所示之網路，每一個電阻之值均為 R，求相鄰點間之電阻 R_{ab} 及相對二頂點間之電阻 R_{bc}。

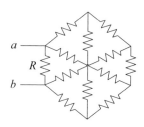

解 :

1. 利用 $\Delta - Y$ 轉換，得到下列圖形之轉換

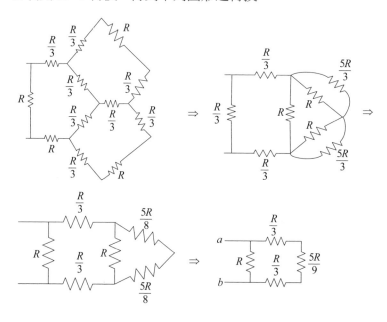

所以 $R_{ab} = R$ 並聯 $(\dfrac{R}{3} + \dfrac{5R}{9} + \dfrac{R}{3}) \Rightarrow \dfrac{R \times \dfrac{11R}{9}}{R + \dfrac{11R}{9}} = \dfrac{11R}{20}$ 。

2. 利用軸對稱，如果將 c，d 及 e 短路，得到下列圖形之轉換

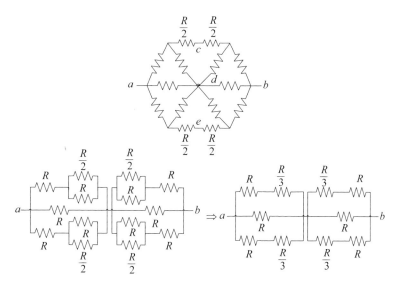

R_{bc} 為 $\dfrac{2R}{3}$，R $\dfrac{4R}{3}$ 及 R 三個電阻並聯的兩倍，所以 $R_{bc} = \dfrac{4R}{3}$。

2. 假設有一線圈，電感內部電阻為未知數，在實驗時發現如果將帶有電流的該線圈短路，則在 0.67 毫秒時，電流降低成為原來電流的 $\dfrac{1}{e}$ 值，如果將一個 4Ω 的電阻器串聯於該線圈，則在短路後的 0.5 毫秒時，此線圈的電流降低成原來電流的 $\dfrac{1}{e}$，求該線圈的電感內部電阻。

解：

RL 電路方程式為 $L\dfrac{dI}{dt} + RI = 0$，解出 $I = I_0 e^{\frac{-R}{L}t}$。代入給定之條件：

$\dfrac{1}{e}I_0 = I_0 e^{\frac{-R}{L}(0.67 \times 10^{-2})}$，得到

$$\frac{R}{L} = \frac{1000}{0.67} = 1492.54 \qquad (1)$$

在 4Ω 的電阻器串聯及 0.5 毫秒下

$$\frac{R+4}{L} = \frac{1000}{0.5} = 2000 \tag{2}$$

(1) 式除以 (2) 式得到 $\dfrac{R}{R+4} = \dfrac{1492.54}{2000}$，求出 $R = \dfrac{5970.16}{507.46} = 11.76\,(\Omega)$

3. 兩長度為 1 公尺的同軸金屬圓柱面間，填入以導電率為 $\sigma = \sigma_0\left(1 + \dfrac{k}{r}\right)$，其中 σ_0 及 k 是常數的材料，在不計邊緣效應 (fringing effect) 之下。求 (1) 兩導體間的電阻。(2) 如果將材料改為導電率 $\sigma = \sigma_0$ (常數)，兩導體間的電阻。

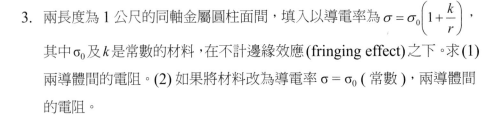

解 :

經由 $R = \dfrac{1}{\sigma}\dfrac{l}{A}$ 中，

$$dR = \frac{1}{\sigma}\frac{dl}{A} = \frac{1}{\sigma_0\left(1 + \dfrac{k}{r}\right)}\frac{1\,dr}{2\pi r} \tag{1}$$

對 (1) 式積分得到

$$R = \int dR = \int_a^b \frac{1}{\sigma_0\left(1 + \dfrac{k}{r}\right)}\frac{1\,dr}{2\pi r} = \frac{1}{2\pi\sigma_0}\int_a^b \frac{dr}{(r+k)} = \frac{1}{2\pi\sigma_0}\ln(r+k)\Big|_a^b = \frac{1}{2\pi\sigma_0}\ln\frac{(b+k)}{(a+k)}$$

將材料改為導電率 $\sigma = \sigma_0$，則 $R = \int dR = \int_a^b \dfrac{1}{\sigma_0}\dfrac{1\,dr}{2\pi r} = \dfrac{1}{2\pi\sigma_0}\ln\dfrac{b}{a}\ (\Omega)$

4. 如圖所示，半徑分為 a 和 b ($b > a$) 的同心球面，被球心為頂點的圓錐切開，面積分別為 $A = a^2$ 和 $B = b^2$。假設 A-B 兩曲面為完全導體，圓錐內 A-B 間的介電係數 (permittivity) 和導電率分別是 ε 和 σ，而其他部分是 ε_0 和 $\sigma = 0$，求 A、B 之間的電阻值。

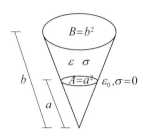

解：

經由 $R = \dfrac{1}{\sigma}\dfrac{l}{A}$ 中，$dR = \dfrac{1}{\sigma}\dfrac{dr}{r^2}$，積分得到

$$R = \int dR = \int_a^b \frac{1}{\sigma}\frac{dr}{r^2} = \frac{1}{\sigma}\left(\frac{-1}{r}\right)\bigg|_a^b = \frac{1}{\sigma}\left(\frac{1}{a} - \frac{1}{b}\right)\ (\Omega)$$

5. 如圖所示，有兩個由完全導體製作的同軸圓柱，內導體半徑為 a，外導體內徑為 b，長度為 l。假設在內外導體間的空間填充導電係數為 σ 的歐姆介質，不考慮邊界效應，求兩導體間的電阻。

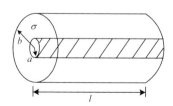

解：

由 $\vec{J} = \dfrac{I}{2\pi\ell r}\vec{a}_r$ 及 $\vec{J} = \sigma\vec{E}$ 的關係中，代入各個數值，再利用電位公式

$$V = -\int \vec{E}_r \cdot dr = -\int_b^a \frac{I}{2\pi\ell\,\sigma r}\,dr = \int_b^a \frac{I}{2\pi\sigma\ell r}\,d = \frac{I}{2\pi\sigma\ell}\ln r\bigg|_a^b = \frac{I}{2\pi\sigma\ell}\ln\frac{b}{a}\ ,$$

$$R = \frac{V}{I} = \frac{\ln\dfrac{b}{a}}{2\pi\sigma l} \quad,$$

如果 $l = 1$ 公尺，則單位長度的電阻值為 $\dfrac{\ln\dfrac{b}{a}}{2\pi\sigma}(\Omega)$ 。

6. 如圖所示，直流電動機的轉子與定子間的電阻 (絕緣) 測量。

解：

本題的測量點為轉子與定子，以直流電動機 110V 的工作電壓為例，

得到絕緣電阻的值為 $5 \times 10^{12}\,\Omega$，根據歐姆定律，電流為

$\dfrac{110}{5 \times 10^{12}} = 2.2 \times 10^{-11}\,\mathrm{A}$，遠小於人體所能承受的電流量 $50 \times 10^{-3}\,\mathrm{A}$。

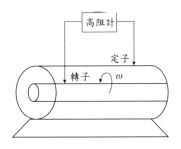

7. 如圖所示，金屬半球全部埋入地內，半徑為 a，其中地的電導係數為 σ，
求此一金屬半球的接地電阻大小。

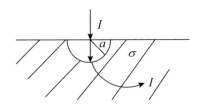

解：

$$\vec{J} = \frac{\vec{I}}{2\pi r^2}\vec{a}_r \ (\text{半球表面面積}) \text{，代入 } \vec{E} = \frac{\vec{J}}{\sigma} \text{ 的公式中，}$$

得出 $\vec{E} = \dfrac{\vec{I}}{2\pi r^2 \sigma}\vec{a}_r$

所以：$V = -\displaystyle\int_0^a \vec{E} \cdot dr = -\int_\infty^a \frac{\vec{I}}{2\pi r^2 \sigma}dr = \frac{-I}{2\pi\sigma}\frac{-1}{r}\Big|_\infty^a = \frac{I}{2\pi\sigma}\Big[\frac{1}{a} - \frac{1}{\infty}\Big] = \frac{I}{2\pi a\sigma}$

得到 $R = \dfrac{V}{I} = \dfrac{1}{2\pi a\sigma}(\Omega)$

8. 如圖所示，兩半球形電阻，軸心相距 D，半徑為 $a\,(D > a)$，埋入電導係數為 σ 的地中，求電阻 (接地) 之大小。

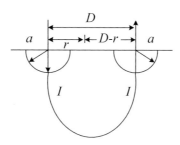

解：

$$\vec{J}_1 = \frac{\vec{I}}{2\pi r^2}\vec{a}_r \ , \ \vec{J}_2 = \frac{\vec{I}}{2\pi(D-r)^2}\vec{a}_r \ \text{，所以 } \vec{E} = \frac{\vec{J}_1 + \vec{J}_2}{\sigma} \ ,$$

再代入電位公式中

$$V = -\int_{D-a}^a \frac{I}{2\pi\sigma}\Big[\frac{1}{r^2} + \frac{1}{(D-r)^2}\Big]dr = \frac{-I}{2\pi\sigma}\Big[\frac{-1}{r} + \frac{1}{(D-r)}\Big]\Big|_{D-a}^a$$

$$= \frac{I}{2\pi\sigma}\Big[\frac{1}{a} - \frac{1}{D-a} - \frac{1}{D-a} + \frac{1}{D-(D-a)}\Big] = \frac{I}{2\pi\sigma}\Big[\frac{2}{a} - \frac{2}{D-a}\Big]$$

$$= \frac{I}{\pi\sigma}\Big[\frac{1}{a} - \frac{1}{D-a}\Big] = \frac{I}{\pi\sigma}\Big[\frac{D-a-a}{a(D-a)}\Big] = \frac{I}{\pi\sigma}\Big[\frac{D-2a}{a(D-a)}\Big] \text{。}$$

因為 $D \gg a$，所以 $\dfrac{D}{a(D-a)} \doteqdot \dfrac{D}{aD} = \dfrac{1}{a}$ ，

得到 $V = \dfrac{I}{\pi\sigma}(\dfrac{1}{a}) = \dfrac{I}{\pi a \sigma}$ ，亦即 $R = \dfrac{V}{I} = \dfrac{1}{\pi a \sigma}(\Omega)$ ，

(此為上題的串聯效果)

9. 如圖所示，有一未知電阻值之金屬棒，埋入電導係數為 σ 的地中，求該
   未知金屬的電阻值大小 (三者之距離均遠大於金屬棒之半徑)。

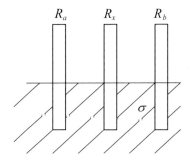

解：

利用第 8 題的結果，得到：$\begin{cases} R_{ax} = R_a + R_x \\ R_{ab} = R_a + R_b \\ R_{xb} = R_x + R_b \end{cases}$ 。解上述三個聯立方程式

得到：$\dfrac{1}{2}(R_{ax} + R_{bx} + R_{ab}) = R_a + R_b + R_c$ ，其中 R_{ax}，R_{bx} 及 R_{ab} 均為已知，

因此解出 $R_x = \dfrac{1}{2}(R_{ax} + R_{bx} + R_{ab}) - (R_a + R_b)$ ，又 $R_a + R_b = R_{ab}$ ，

所以：$R_x = \dfrac{1}{2}(R_{ax} + R_{bx} - R_{ab})$ 。

Unit 12-8
磁 場

1. 試舉例說明下列名詞：(1) 順磁性。(2) 反磁性。(3) 鐵磁性。

解：

    (1) 順磁性 (Paramagnetism) 是指磁性材料中，受到外部磁場的影響後，磁棒主要順著磁力線方向排列，磁力線的強度越強物質內磁棒的排列性就越強。

    (2) 反磁性 (Antiferromagnetism) 是指磁性材料中，相鄰電子自旋呈相反方向排列，磁化率因而接近於零。

    (3) 鐵磁性 (Ferromagnetism) 是指材料具有自發性的磁化現象。經由外部磁場的作用 下得而磁化後，即使外部磁場消失，依然能保持其磁化的狀態而具有磁性，即所謂自發性的磁化現象。

2. 一邊長為 ℓ 之正方形電路，如果通過電路之電流為 I，求中心點之磁場強度。

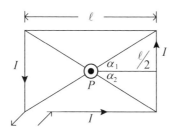

解：

    由圖中，由 P 點向四端點聯線，得出四個三角形，利用第 95 頁例題之公式。

$$\bar{H} = \frac{I}{4\pi r}[\frac{1}{R}(\sin\alpha_1 + \sin\alpha_2) + \frac{1}{R}(\sin\alpha_1 + \sin\alpha_2) + \frac{1}{R}(\sin\alpha_1 + \sin\alpha_1) + \frac{1}{R}(\sin\alpha_1 + \sin\alpha_1)]\bar{a}_\phi$$

可以化簡成 $\vec{H} = 4 \times \dfrac{1}{4\pi R}[(\sin\alpha_1 + \sin\alpha_2)]\vec{a}_\phi$ 。

代入各個數值 $R = \dfrac{\ell}{2}$ 及 $\alpha_1 = \alpha_2 = \dfrac{\pi}{4}$，

得到 $\vec{H} = 4 \times \dfrac{I}{4\pi\dfrac{\ell}{2}}\left[\sin\dfrac{\pi}{4} + \sin\dfrac{\pi}{4}\right] = \dfrac{2\sqrt{2}I}{\pi\ell}\,\vec{a}_\phi$ 。

3. 如圖所示，有一層無限大磁性材料存在於 $1 \leq z \leq 2$ 之間，磁化係數 $x_m = z/2$ 為非均質性，現在加一均勻磁場 $\vec{B} = B_0\vec{a}_x$ 在磁性介質外，求磁性材料內之 $\vec{B}$，$\vec{H}$ 及 $\vec{M}$。

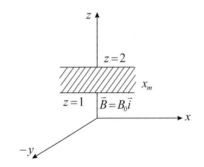

解：

(1) 由 $\vec{H} = \dfrac{\vec{B}_0}{\mu_0}\vec{a}_x$，$\vec{B} = \mu\vec{H}\vec{a}_x = \vec{B} = \mu_0(1+x_m)\vec{H}\vec{a}_x$，代入 $\vec{H} = \dfrac{\vec{B}_0}{\mu_0}\vec{a}_x$，

所以 $\vec{B} = \left(1 + \dfrac{z}{2}\right)\vec{B}_0\vec{a}_x$

(2) $\vec{M} = x_m\vec{H}\vec{a}_x = \dfrac{z\vec{B}_0}{2\mu_0}\vec{a}_x$

4. 如圖所示，有一大面積之平板磁性材料置於一均勻磁通之磁場中，平板厚度為 d，大面積之表面平行於磁通方向，平板材料具有不均勻之導磁率為 μ，變化為 $\mu = \mu_0\left(1+\dfrac{z}{d}\right)^2$ ($0 < z < d$)，假設原來之均勻磁通密度為 $\vec{B}=B_0\vec{a}_y$ ，求

   (1) 磁性平板外部之磁場強度 $\vec{H}$。

   (2) 磁性平板內部之磁場強度 $\vec{H}$，磁通密度 $\vec{B}$，磁化向量 $\vec{M}$ 及 $\vec{J}_m$

   (3) $z = 0$ 及 $z = d$ 之 $\vec{J}_{ms}$。

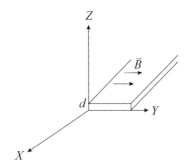

解：

(1) 磁性平板外部： $\vec{H} = \dfrac{\vec{B}}{\mu_0}\vec{a}_y = \dfrac{B_0}{\mu_0}\vec{a}_y$

(2) 磁性平板內部：

$$\vec{H} = \frac{\vec{B}}{\mu}\vec{a}_y = \frac{\vec{B}_0}{\mu_0}\vec{a}_y \ , \quad \vec{B} = \mu\vec{H}\vec{a}_y = \mu_0\left(1+\frac{z}{d}\right)^2\frac{\vec{B}_0}{\mu_0}\vec{a}_y = \left(1+\frac{z}{d}\right)^2 \vec{B}_0\vec{a}_y \ ,$$

由 $\vec{B} = \mu_0(\vec{H} + \vec{M})\vec{a}_y$，解出 $\vec{M} = \dfrac{\vec{B}_0}{\mu_0}\left(\dfrac{z^2}{d^2}+\dfrac{2z}{d}\right)\vec{a}_y$

(3) 由 $\vec{J}_m = \vec{M}\times\vec{a}_n$，$\vec{a}_n = \vec{a}_x$，

在 $z = 0$： $\vec{J}_m = \dfrac{\vec{B}_0}{\mu_0}\left(\dfrac{0^2}{d^2}+\dfrac{2\cdot 0}{d}\right)\vec{a}_x = 0$

在 $z = d$ 上之等值面： $\vec{J}_m = \dfrac{\vec{B}_0}{\mu_0}\left(\dfrac{d^2}{d^2}+\dfrac{2d}{d}\right)\vec{a}_x = \dfrac{3\vec{B}_0}{\mu_0}\vec{a}_x$

5. 如圖所示，一無限長直線狀導線，通有電流 $I\vec{a}_x$ 時，求點 $(0, y, 0)$ 的磁場強度 $\vec{H}$。

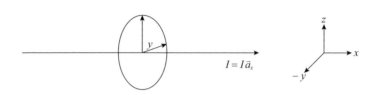

解：

由安培定律中 $\oint \vec{H} \cdot d\vec{l} = I$，得到 $\vec{H} \cdot 2\pi y = I$，所以 $\vec{H} = \dfrac{I}{2\pi y} \vec{a}_\phi$。

6. 如圖所示，在一無限長的同軸電線內，維持直流電壓 V 及直流電流 I，如果導體及介質 (μ, ε) 為無損，求在同軸電線內之磁場強度 $\vec{H}$。

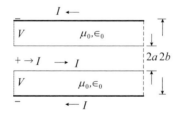

解：

由安培定律中 $\oint \vec{H} \cdot d\vec{l} = I$，$\vec{H} \cdot 2\pi r = I$，所以 $\vec{H} = \dfrac{I}{2\pi r} \vec{a}_\phi$。

7. 一極長之同軸電纜，內導體半徑為 a，外導體半徑為 b，電纜中通以電流 I，求此電纜單位長度中磁場所儲存之磁能。

解：

由安培定律

(1) $0 < r < a$：$\oint \vec{H_1} \cdot d\vec{l} = I_1$，$I_1 = \dfrac{\pi r^2}{\pi a^2}$，

得到 $\vec{H_1} 2\pi r = \dfrac{r^2}{a^2} I \Rightarrow \vec{H_1} = \dfrac{r}{2\pi a^2} I \Rightarrow \vec{B_1} = \dfrac{\mu_0 I r}{2\pi a^2} \vec{a}_\phi$。

(2) $0 < r < b$：$\oint \vec{H_2} \cdot d\vec{l} = I$，$\vec{H_2} 2\pi r = I \Rightarrow \vec{H_2} = \dfrac{1}{2\pi r} I \Rightarrow \vec{B_2} = \dfrac{\mu_0 I}{2\pi r} \vec{a}_\phi$

(3) 磁能：$U = \dfrac{1}{2\mu_0} \int B^2 dv = \dfrac{1}{2\mu_0} \int_0^a \dfrac{\mu_0 I r}{2\pi a^2} l 2\pi r dr + \dfrac{1}{2\mu_0} \int_0^a \dfrac{\mu_0 I}{2\pi r} l 2\pi r dr$

$= \dfrac{\mu_0 l I^2}{16\pi} + \dfrac{\mu_0 l I^2}{4\pi} \ln \dfrac{b}{a}$

單位長度中磁場所儲存之磁能：$\dfrac{U}{l} = \dfrac{\mu_0 I^2}{16\pi} + \dfrac{\mu_0 I^2}{4\pi} \ln \dfrac{b}{a}$

8. 如圖所示，有一空心圓柱磁鐵，內外半徑各為 a 及 b，以角頻率 ω 對 z 軸旋轉，此磁鐵有軸向均勻磁化強度 $\vec{M} = M_0 \vec{a}_z$，內、外面上有滑動電刷接觸。假設此一磁鐵之導磁係數 $\mu = \mu_0 \mu_r$（$\mu_r = 5000$），並且導電係數為 σ，求磁鐵內之 $\vec{B}$ 及 $\vec{H}$。

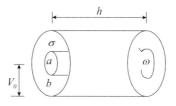

解：

由 $\vec{B} = \mu \vec{H} = \mu_0 \mu_r \vec{H} = 5000 \mu_0 \vec{H}$，而

$$5000 \mu_0 \vec{H} = \mu_0 \vec{H} + \mu_0 \vec{M} \qquad (1)$$

由 (1) 式得到 $4999 \vec{H} = \vec{M}$，

所以 $\vec{H} = \dfrac{\bar{M}}{4999} = \dfrac{\bar{M}_0}{4999} \vec{a}_z$, $\vec{B} = 5000\mu_0\vec{H} = \dfrac{5000\bar{M}_0}{4999} \vec{a}_z$

9. 如圖所示，一無限長截面半徑為 a 之圓柱形導線，沿 z 軸流著直流電流 I。假設電流為均勻分佈於圓截面上，並且於 z 軸上，求 $r < a$ 及 $r \geq a$ 之磁場 $\vec{H}$。

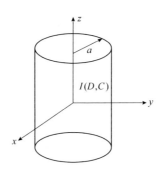

解：

由安培定律中 $\oint \vec{H} \cdot d\vec{l} = I$

(1) $r < a$：$\oint \vec{H}_1 \cdot d\vec{l} = I_1$, $I_1 = \dfrac{\pi r^2}{\pi a^2}$,

　　得到 $\vec{H}_1 2\pi r = \dfrac{r^2}{a^2} I \Rightarrow \vec{H}_1 = \dfrac{r}{2\pi a^2} I \vec{a}_\phi$

(2) $r > a$：$\oint \vec{H}_2 \cdot d\vec{l} = I$, $\vec{H}_2 2\pi r = I \Rightarrow \vec{H}_2 = \dfrac{1}{2\pi r} I \vec{a}_\phi$

(3) $r = a$：代入 $\vec{H}_1$ 或者 $\vec{H}_2$，得到 $\vec{H}_3 = \dfrac{1}{2\pi a} I \vec{a}_\phi$

10. 如圖所示，環狀線電荷之半徑為 a，電流為 I，求中心軸 (z 軸) 上的磁
    場強度 $\vec{H}$。

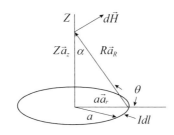

解 :

由 $d\vec{H} = \dfrac{Iad\phi\vec{a}_\phi \times \vec{a}_R}{4\pi R^2}$ ，而由上圖中可以得知 $R\vec{a}_R = z\vec{a}_z - a\vec{a}_r$ ，

代入 $\vec{a}_R = \dfrac{z\vec{a}_z - a\vec{a}_r}{R}$ 及 $R = \sqrt{a^2 + z^2}$ 。

得到 $dH = \dfrac{Iad\phi\vec{a}_\phi \times (z\vec{a}_z - a\vec{a}_r)}{4\pi R^3} = \dfrac{zIad\phi\vec{a}_\phi \times \vec{a}_z - Ia^2 d\phi\vec{a}_\phi \times \vec{a}_r}{4\pi R^3}$ ，

而 $\vec{a}_\phi \times \vec{a}_z = \vec{a}_r$ 及 $\vec{a}_\phi \times \vec{a}_r = -\vec{a}_z$（請參考向量部分）

可以得到 $d\vec{H} = \dfrac{Iaz\phi\vec{a}_r - Ia^2 d\phi\vec{a}_z}{4\pi R^3}$ 。亦即 $d\vec{H}$ 可以分解成 $\vec{a}_r$ 及 $\vec{a}_z$ 方向，

但 $\vec{a}_r$ 在旋轉一圈後會抵銷，所以 $d\vec{H}$ 只剩下 $\vec{a}_z$ 方向，

因此 $d\vec{H} = \dfrac{Ia^2 d\phi\vec{a}_z}{4\pi R^3}$ ，所以

$\vec{H} = \displaystyle\int_0^{2\pi} dH = \int_0^{2\pi} \dfrac{Ia^2 d\phi\vec{a}_z}{4\pi(a^2 + z^2)^{3/2}} = \dfrac{Ia^2\vec{a}_z}{4\pi(a^2 + z^2)^{3/2}} \cdot 2\pi = \dfrac{Ia^2\vec{a}_z}{2(a^2 + z^2)^{3/2}}$

若以 α 角表示：$\vec{H} = \dfrac{I}{2a} \dfrac{a^3\vec{a}_z}{(a^2 + z^2)^{3/2}} = \dfrac{I}{2a}\left[\dfrac{a}{\sqrt{a^2 + z^2}}\right]^3 = \dfrac{I}{2a}\sin^3\alpha\,\vec{a}_z$

11. 如圖所示，環狀螺管線圈 (toroid)，半徑為 a，電流為 I，共計 N 匝，求在管內的磁場強度 $\vec{H}$ 之大小。

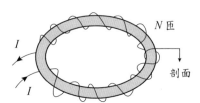

：

由安培定律中 $\oint \vec{H} \cdot d\vec{l} = NI$ ，求出 $\vec{H} \cdot 2\pi r = NI$ 。

所以 $\vec{H} = \dfrac{NI}{2\pi r}$ 而方向為 $\vec{a}_\phi$ ，亦即 $\vec{H} = \dfrac{NI}{2\pi r} \vec{a}_\phi$ 。

如果令單位長度之匝數 $n = \dfrac{N}{2\pi r}$ ，則 $\vec{H} = nI\vec{a}_\phi$ 。

12. 如圖所示，環狀螺管線圈之半徑為 a，電流為 I，長度為 l，共計 N 匝，求在中心軸 (z 軸) 上的磁場強度 $\vec{H}$ 的大小。

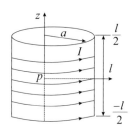

：

利用前面的章節結果， $d\vec{H}_P = \dfrac{Ia^2}{2} \dfrac{1}{(a^2 + z^2)^{3/2}} \vec{a}_z$ ，

及每單位長度的電流為 $\dfrac{NI}{\ell} dz$ 代入 $d\vec{H}_P$ 中，

得到 $d\vec{H}_P = \dfrac{a^2}{2(a^2+z^2)^{3/2}} \cdot \dfrac{NI}{\ell} dz\vec{a}_z$

所以 $\vec{H}_P = \displaystyle\int d\vec{H}_P = \int_{-\frac{\ell}{2}}^{\frac{\ell}{2}} \dfrac{a^2 NI}{2(a^2+z^2)^{3/2}\ell} dz\vec{a}_z = \dfrac{a^2 NI}{2\ell} \int_{-\frac{\ell}{2}}^{\frac{\ell}{2}} \dfrac{dz}{(a^2+z^2)^{3/2}} \vec{a}_z$

令 $\begin{cases} z = a\tan\theta \\ dz = a^2 \sec^2\theta d\theta \end{cases}$

$\vec{H}_P \Rightarrow \displaystyle\int \dfrac{a\sec^2\theta d\theta}{(a^2+a^2\tan^2\theta)^{3/2}} = \int \dfrac{a\sec^2\theta d\theta}{(a^2\sec^2\theta)^{3/2}}$

$= \displaystyle\int \dfrac{1}{a\sec\theta} d\theta = \int \dfrac{1}{a}\cos\theta d\theta = \dfrac{1}{a}\sin\theta = \dfrac{1}{a}\dfrac{z}{\sqrt{a^2+z^2}}\Bigg|_{-\frac{\ell}{2}}^{\frac{\ell}{2}}$

$= \vec{H}_P = \dfrac{NI\vec{a}_z}{(\ell^2+4a^2)^{1/2}}$,

如果 $\ell >> a$，則 $\vec{H}_P = \dfrac{NI}{\ell}\vec{a}_z = \dfrac{N}{\ell}I\vec{a}_z$

亦即磁場強度的大小和單位長度的匝數成正比。

另解：利用環狀螺管線圈 (toroid) 的結果：$\vec{H} = nI\vec{a}_\phi$。

在本題中，$n = \dfrac{NI}{\ell}$，所以 $\vec{H} = \dfrac{NI}{\ell}\vec{a}_z$。

13. 將一金屬球半徑為 a 置於一均勻電場為 $\vec{E} = \dfrac{2Q}{4\pi\varepsilon_0 R^2}$ 的真空中，會感應

出一對偶極 (dipole)，求偶極矩 (dipole moment) 大小。

：

參考電位之影像解法

$$V = \dfrac{Q}{4\pi\varepsilon_0}\left[\dfrac{1}{\sqrt[3]{(r^2+R^2+2rR\cos\theta)^2}} - \dfrac{1}{\sqrt[3]{(r^2+R^2-2rR\cos\theta)^2}} \right]$$

$$\approx \frac{-2Qr\cos\theta}{4\pi\varepsilon_0 R^2} \tag{1}$$

電場為

$$\overline{E} = -\nabla V = \frac{2Q}{4\pi\varepsilon_0 R^2}\,\vec{a}_R \tag{2}$$

而偶極矩：

$$\vec{P} = Q'd = \frac{aQ}{R} \times \frac{2a^2}{R} = \frac{2a^3 Q}{R^2} \tag{3}$$

比較 (2) 式及 (3) 式，得到

$$\vec{P} = 4\pi\varepsilon_0 a^3 \vec{E} \tag{4}$$

Unit 12-9
磁　通

1. 求內接正 n 邊形之圓心磁通密度為 $\vec{B} = \dfrac{\mu_0 nI}{2\pi a} \cdot \tan\dfrac{\pi}{n}$　（ a 為半徑）。

   解：

   利用無線長導線外一點的磁通公式：$\vec{B} = \dfrac{\mu_0 I}{4\pi r}(\sin\alpha_1 + \sin\alpha_2)$。

   內接正 n 邊形，每一邊角度為 $\dfrac{\pi}{n}$，$r = \alpha\cos\dfrac{\pi}{n}$，代入得到

   $$\vec{B} = \frac{n\mu_0 I}{4\pi\alpha\cos\dfrac{\pi}{n}}(\sin\dfrac{\pi}{n} + \sin\dfrac{\pi}{n}) = \frac{n\mu_0 I\sin\dfrac{\pi}{n}}{2\pi\alpha\cos\dfrac{\pi}{n}} = \frac{\mu_0 nI}{2\pi a}\cdot\tan\dfrac{\pi}{n}$$。

2. 如圖所示，一條導線及一個長方形線圈，二者相距 d，導線中載有電流 I，將線圈以等速 v 與導線平行向右移動，應用安培定律求線圈內任意點 P 之磁通密度 $\vec{B}$。

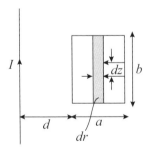

   解：

   由安培定律中 $\oint \vec{H} \cdot d\vec{l} = I$，得到 $\vec{H} \cdot 2\pi r = I$，所以

   (1) $\vec{H} = \dfrac{\mu_0 I}{2\pi r}\vec{a}_\phi$

   (2) $\vec{B} = \mu_0\vec{H} = \dfrac{\mu_0 I}{2\pi r}\vec{a}_\phi$

$$(3) \quad \phi = \int \vec{B} \cdot dS = \iint \frac{\mu_0 I}{2\pi r} \, dr dz = \frac{\mu_0 I}{2\pi} \iint \frac{1}{r} \, dr dz = \frac{\mu_0 I}{2\pi} \Big|_{d+vt}^{d+a+vt}$$

$$= \frac{\mu_0 I}{2\pi} \ln \frac{(d+a+vt)}{(d+vt)}$$

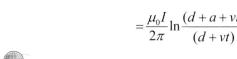
3. 如圖所示，一細導線圈成的圓圈通以直流 I，圓圈的半徑為 a，置於 xy 平面，假設 $r^2 \gg a^2$，以球面座標表示 (x,y,z) 點的磁位向量 $\vec{A}$，如何以 $\vec{A}$ 求出磁通密度 $\vec{B}$，以一簡單公式表示即可。

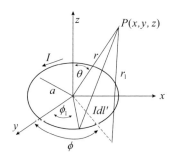

解：

$$\vec{A} = \frac{\mu_0 I}{4\pi} \int_0^{2\pi} \frac{d\vec{l}}{R_1}, \quad d\vec{l} = a d\phi_1 \vec{a}_\phi = a d\phi_1 (-\sin\phi_1 \vec{a}_x + \cos\phi_1 \vec{a}_R),$$

$$R_1^2 = (x - a\cos\phi_1)^2 + (y - a\sin\phi_1)^2 + z^2 = R^2 + a^2 - (ax\cos\phi_1 + ay\sin\phi_1)$$

$$\frac{1}{R_1} = \frac{1}{R}\left[1 + \frac{a^2}{R^2} - \frac{2}{R^2}(ax\cos\phi_1 + ay\sin\phi_1)\right]^{-\frac{1}{2}} \approx \frac{1}{R}\left[1 + \frac{ax\cos\phi_1}{R^2} - \frac{ay\sin\phi_1}{R^2}\right]$$

代入得到

$$\vec{A} = \frac{\mu_0 I}{4\pi r} \int_0^{2\pi} \left[1 + \frac{ax\cos\phi_1}{R^2} - \frac{ay\sin\phi_1}{R^2}\right] \cdot (-\sin\phi_1 \vec{a}_x + \cos\phi_1 \vec{a}_R) \, d\phi_1 = \frac{\mu_0 I a^2}{4\pi R^3}(x\vec{a}_r - y\vec{a}_x)$$

利用座標轉換至圓球座標

$$\vec{A} = \frac{\mu_0 I a^2}{4\pi R^3}(-r\sin\theta\cos\phi, r\sin\theta\cos\phi, 0) \bullet \begin{bmatrix} \sin\theta\cos\phi & \cos\theta\cos\phi & -\sin\phi \\ \sin\theta\sin\phi & \cos\theta\sin\phi & \cos\phi \\ \cos\theta & -\sin\theta & 0 \end{bmatrix} \begin{bmatrix} \vec{a}_R \\ \vec{a}_\theta \\ \vec{a}_\phi \end{bmatrix}$$

$$= \frac{\mu_0 I a^2 \sin\theta}{4\pi R^2}\vec{a}_\phi$$

所以： $\vec{B} = \nabla \times \vec{A} = \dfrac{\mu_0 I a^2}{4\pi}(2\cos\theta\,\vec{a}_R + \sin\theta\,\vec{a}_\theta)$

4. 有一單匝線圈半徑 a，位於 xy 平面內，中心與原點重合，線圈中電流為 I，求該線圈在 z 軸上任意點所產生之磁通密度 $\vec{B}$。

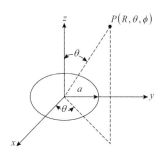

$$d\vec{B} = \frac{\mu_0 I}{4\pi}\frac{d\vec{l} \times \vec{R}}{R^3}\ ,\quad d\vec{l} = a\,d\phi\,\vec{a}_\phi\ ,\quad \vec{R} = z\vec{a}_z - a\vec{a}_R\ ,\quad R = (z^2 + a^2)^{\frac{3}{2}}$$

代入得到

$$d\vec{B} = \frac{\mu_0 I}{4\pi}\frac{a\,d\phi\,\vec{a}_\phi \times (z\vec{a}_z - a\vec{a}_R)}{(z^2 + a^2)^{\frac{3}{2}}} = \frac{\mu_0 I}{4\pi}\frac{a^2\vec{a}_z}{(z^2 + a^2)^{\frac{3}{2}}}d\phi$$

所以： $\vec{B} = \int d\vec{B} = \int_0^{2\pi}\dfrac{\mu_0 I}{4\pi}\dfrac{a^2}{(z^2 + a^2)^{\frac{3}{2}}}d\phi\,\vec{a}_z = \dfrac{\mu_0 I a^2}{2(z^2 + a^2)^{\frac{3}{2}}}\vec{a}_z$

第十二章

附錄：範例解析

217

5. 半徑為 R，具有均勻之面電荷密度 ρ 之球殼，以直徑為軸轉動，角速度是 ω，求此球殼中心處的磁通密度 (球殼厚為 t)。

解：

$$d\vec{B} = \frac{\mu_0 dI}{4\pi}\frac{d\vec{l} \times \vec{R}}{R^3} \text{ , } d\vec{l} = R\sin\theta d\phi \vec{a}_\phi \text{ , } \vec{R} = -R\vec{a}_R \text{ , } dI = \rho\omega R^2\sin\theta d\theta \text{ , }$$

代入得到

$$d\vec{B} = \frac{\mu_0 dI R\sin\theta d\phi \vec{a}_\phi \times (-R\vec{a}_R)}{4\pi R^3} = \frac{\mu_0 dI \sin\theta d\phi \vec{a}_\theta}{4\pi R}$$ 。由於只存在 $\vec{a}_z$ 方向，

因此： $d\vec{B}_z = \frac{\mu_0 dI \sin\theta \cdot \sin\theta}{4\pi R}d\phi \vec{a}_z$ ， $\vec{B}_z = \int d\vec{B}_z = \int_0^{2\pi} \frac{\mu_0 dI \sin^2\theta}{4\pi R}d\phi \vec{a}_z$

求出 $\vec{B}_z = \frac{\mu_0 dI \sin^2\theta}{4R}$ 。

進而得到： $\vec{B} = \int_0^{2\pi} \frac{\mu_0 \sin^2\theta}{4R}dI\vec{a}_z = \int_0^\pi \frac{\mu_0 \sin^2\theta}{4R}\rho\omega R^2\sin\theta d\theta \vec{a}_z$

$$= \frac{\mu_0\rho\omega R}{4}\int_0^\pi \sin^3\theta d\theta \vec{a}_z = \frac{2\mu_0\rho\omega R}{3}\vec{a}_z$$ 。

6. 有一磁性物質 (magnetic material) 的中空圓形管 (長度 L，內半徑 a，外半徑 b)，軸在 z 軸上，底面在 xy 一平面上，假設此圓形管在軸向有均勻磁化向量 (magnetization vector) $\vec{M} = M_0\vec{a}_z$，求點 $P(0,0,z)$ 的磁通密度 $\vec{B}$。

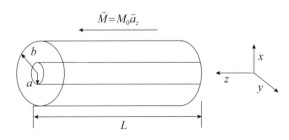

解：

$$dB = \frac{\mu_0 b^2 \, dI}{[(z-z_1)^2 + b^2]^{\frac{3}{2}}} \vec{a}_z \quad , \quad \vec{M} = \vec{M}_0 \vec{a}_z \quad ,$$

代入得到： $dB = \dfrac{\mu_0 b^2 \vec{M}_0 \, dz_1}{[(z-z_1)^2 + b^2]^{\frac{3}{2}}} \vec{a}_z$ 。

因此： $\vec{B} = \displaystyle\int dB = \int_0^L \frac{\mu_0 b^2 \vec{M}_0 \, dz_1}{[(z-z_1)^2 + b^2]^{\frac{3}{2}}} \vec{a}_z = \mu_0 b^2 \vec{M}_0 \int_0^L \frac{dz_1}{[(z-z_1)^2 + b^2]^{\frac{3}{2}}} \vec{a}_z$ ，

求出： $\vec{B} = \dfrac{\mu_0 b^2 \vec{M}_0}{2} \left[\dfrac{z}{\sqrt{z^2 + b^2}} - \dfrac{z-L}{\sqrt{(z-L)^2 + b^2}} \right] \vec{a}_z$ 。

7. 如圖所示，直流電流 I 通過長度 l 的導線，求 P 點的磁通密度 $\vec{B}$ 。

已知： $\displaystyle\int \frac{dx}{\left(x^2 + b^2\right)^{3/2}} = \frac{x}{b^2 \left(x^2 + b^2\right)^{1/2}}$ ， $\mu_0 = 4\pi \times 10^{-7} (H/m)$

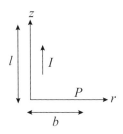

解：

利用比爾沙華定律： $dB = \dfrac{\mu_0 I b \, dz}{4\pi b (z^2 + b^2)^{\frac{3}{2}}} \vec{a}_z$ ，代入積分式，得到

$$\vec{B} = \int_0^l \frac{\mu_0 I b}{4\pi (z^2 + b^2)^{\frac{3}{2}}} dz = \frac{\mu_0 I l}{4\pi b \sqrt{l^2 + b^2}} \vec{a}_z \ 。$$

8. 直流電流 $I = 5$ (A) 通過如圖的長方形迴路，求 Q 點的磁通密度 $\vec{B}$ 。

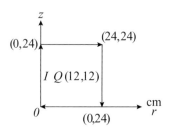

解：

$$\vec{B} = \sum_i^4 \frac{\mu_0 I}{4\pi r}(\sin\alpha_i + \sin\beta_i) \quad \alpha_i = \beta_i = \frac{\pi}{4} \text{，所以 } \vec{B} = \frac{\mu_0 I}{4\pi r} \times 4\sqrt{2}$$

代入　$I = 5$，$r = 12$，$\vec{B} = \dfrac{5\sqrt{2}\,\mu_0}{12\pi}$ 。

9. 有一半徑 R 之玻璃圓盤，已知盤面上帶有均勻之面電荷，密度為 ρ_s。圓盤穿過中心之垂直軸自轉，角速度為 ω，求此圓盤中心之磁通密度。

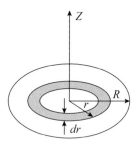

解：

利用比爾沙華定律： $d\vec{B} = \dfrac{\mu_0 dl}{2r}\vec{a}_z$ ，電荷為 ρ_s，$dl = \rho_s\omega rdr$，

代入積分式，得到 $\vec{B} = \int \vec{B} = \dfrac{\mu_0}{2\pi}\int_0^R \dfrac{\rho_s\omega rdr}{2r} = \dfrac{\varpi_0\rho_s\omega R}{2}\vec{a}_z$ 。

10. 如圖所示，兩個平行同軸線圈環，半徑同為 a，匝數同為 N，二線圈環相距 b，並且線圈通有直流電流 I，並且流向相同，求軸上中心點 M 之磁通密度。

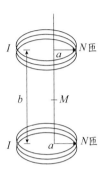

解：

$$d\vec{B} = \frac{\mu_0 NI}{4\pi} \frac{d\vec{l} \times \vec{r}}{r^3} \ , \ d\vec{l} = a d\phi \vec{a}_\phi \ , \ \vec{r} = \frac{b}{2}\vec{a}_z - a\vec{a}_r \ , \ r = \left(\left(\frac{b}{a}\right)^2 + a^2\right)^{\frac{1}{2}}$$

$$d\vec{l} \times \vec{r} = a^2 d\phi \vec{a}_z + \frac{ab}{2} d\phi \vec{a}_r \ \text{。代入得到：}$$

$$d\vec{B} = \frac{\mu_0 NI}{4\pi} \frac{a d\phi \vec{a}_\phi \times \left(\frac{b}{2}\vec{a}_z - a\vec{a}_r\right)}{\left(\left(\frac{b}{a}\right)^2 + a^2\right)^{\frac{3}{2}}} = \frac{\mu_0 NI}{4\pi} \frac{a^2}{\left(\left(\frac{b}{2}\right)^2 + a^2\right)^{\frac{3}{2}}} d\phi \vec{a}_z + \frac{\mu_0 NI}{4\pi} \frac{\frac{ab}{2}}{\left(\left(\frac{b}{2}\right)^2 + a^2\right)^{\frac{3}{2}}} d\phi \vec{a}_r$$

由於 $\vec{a}_r$ 方向會互相抵銷，所以： $d\vec{B} = \frac{\mu_0 NI}{4\pi} \frac{a^2}{\left(\left(\frac{b}{2}\right)^2 + a^2\right)^{\frac{3}{2}}} d\phi \vec{a}_{zr}$ ，

$$\vec{B} = \int d\vec{B} = \int_0^{2\pi} \frac{\mu_0 NI}{4\pi} \frac{a^2}{\left(\left(\frac{b}{2}\right)^2 + a^2\right)^{\frac{3}{2}}} d\phi \vec{a}_z = \frac{\mu_0 I a^2}{2\left(\left(\frac{b}{2}\right)^2 + a^2\right)^{\frac{3}{2}}} \vec{a}_z$$ ，上下均相同，

因 此 $\vec{B}_t = 2\vec{B} = \frac{\mu_0 NI}{2} \frac{a^2}{\left(\left(\frac{b}{2}\right)^2 + a^2\right)^{\frac{3}{2}}} \vec{a}_z = \frac{\mu_0 NI a^2}{\left(\left(\frac{b}{2}\right)^2 + a^2\right)^{\frac{3}{2}}} \vec{a}_z$

11. 中空之同軸電纜的內導體半行為 a，外導體之內徑為 b，外徑為 c。直流電流 I 由內導體流入，由外導體流回。求磁通密度 $\vec{B}(r)$，並做圖表示之。

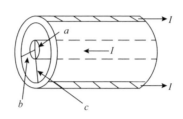

222

解：

利用安培定律，分成下列步驟

(1) $0 < r < a$：$\oint \vec{H_1} \cdot d\vec{l} = \int \vec{J} \cdot 2\pi r dr$ ，$\vec{H_1} 2\pi r = \vec{J}\pi r^2$

$$= \frac{I}{\pi a^2} \cdot \pi r^2 = \frac{r^2}{a^2} I$$

得到 $\vec{H_1} = \dfrac{rI}{2\pi a^2} \vec{a_r} \Rightarrow \vec{B_1} = \dfrac{\mu_0 rI}{2\pi a^2} \vec{a_r}$ 。

(2) $a < r < b$：$\oint \vec{H_2} \cdot dl = I$ ，$\vec{H_2} 2\pi r = I$ ，得到 $\vec{H_2} = \dfrac{I}{2\pi r} \vec{a_r} \Rightarrow \vec{B_2} = \dfrac{\mu_0 I}{2\pi r} \vec{a_r}$

(3) $b < r < c$：電流一為正，另一負總電流為 $I - \dfrac{\pi(r^2 - b^2)}{\pi(c^2 - b^2)} I$ ，

所以 $\oint \vec{H_3} \cdot dl = I - \dfrac{\pi(r^2 - b^2)}{\pi(c^2 - b^2)} I = \dfrac{c^2 - r^2}{c^2 - b^2} I$ ，

得到 $\vec{H_3} = \dfrac{I}{2\pi r} \cdot \dfrac{c^2 - r^2}{c^2 - b^2} \vec{a_r} \Rightarrow \vec{B_3} = \dfrac{\mu_0 I}{2\pi r} \cdot \dfrac{c^2 - r^2}{c^2 - b^2} \vec{a_r}$ 。

(4) $r = a$ 時：$\vec{H_4} = \dfrac{I}{2\pi a} \vec{a_r} \Rightarrow \vec{B_4} = \dfrac{\mu_0 I}{2\pi a} \vec{a_r}$

(5) $r = b$ 時：$\vec{H_5} = \dfrac{I}{2\pi b} \vec{a_r} \Rightarrow \vec{B_5} = \dfrac{\mu_0 I}{2\pi b} \vec{a_r}$

(6) $r = c$ 時，$\vec{H_6} = 0 \Rightarrow \vec{B_6} = 0$

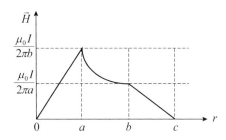

12. 如圖所示，空氣中有一球形 (半徑 b) 鐵磁物質，內有一半球 (半徑 a，
    底面在 xy 平面) 空洞，而兩球中心都在座標原點 O，鐵磁物質內有均
    勻磁化 $\vec{M}=M\vec{a}_z$，求 O 點的磁通密度 $\vec{B}$ 。

    (參考資料：xy 平面上的圓形 (半徑 b) 迴路中心位於原點，並通有電

    流 I 時，$P(x=0, y=0, z)$ 點的磁通密度為：$\vec{B} = \dfrac{\mu_0 I b^2}{2\left(z^2 + b^2\right)^{\frac{3}{2}}} \vec{a}_z$)

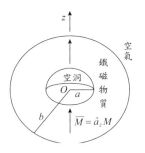

解：

$$dB = \frac{\mu_0 r^2 dI}{2(z^2 + r^2)^{\frac{3}{2}}} \vec{a}_z \; , \; dI = \vec{J}_1 b d\theta \; , \; \vec{J}_1 = M\sin\theta \vec{a}_\phi ,$$

$$\vec{J}_2 = -M\sin\theta \vec{a}_\phi \; , \; b = (z^2 + r^2)^{\frac{1}{2}}$$

代入得到：$d\vec{B}_1 = \dfrac{\mu_0 (b\sin\theta)^2 (Mb\sin\theta)d\theta}{2(b^2)^{\frac{3}{2}}} \vec{a}_z = \dfrac{\mu_0 Mb^3 \sin^3\theta d\theta}{2b^3} \vec{a}_z$

$$= \frac{\mu_0 M\sin^3\theta d\theta}{2} \vec{a}_z$$

$$\vec{B}_1 = \int d\vec{B}_1 = \int_0^\pi \frac{\mu_0 M \sin^3 \theta d\theta}{2} \vec{a}_z = \frac{\mu_0 M}{2} \int_0^\pi \sin^3 \theta d\theta \vec{a}_z$$

$$= \frac{2\mu_0 M}{3} \vec{a}_z$$

同理

$$\vec{B}_2 = \int d\vec{B}_2 = \int_0^{\frac{\pi}{2}} \frac{-\mu_0 M \sin^3 \theta d\theta}{2} \vec{a}_z = \frac{-\mu_0 M}{2} \int_0^{\frac{\pi}{2}} \sin^3 \theta d\theta \vec{a}_z = \frac{-\mu_0 M}{3} \vec{a}_z$$

所以：$\vec{B}_t = \vec{B}_1 + \vec{B}_2 = \frac{2\mu_0 M}{3} \vec{a}_z - \frac{\mu_0 M}{3} \vec{a}_z = \frac{\mu_0 M}{3} \vec{a}_z$ 。

13. 如圖所示，導線線段長度為 $2l$，通有電流 I，求 P 點之磁位向量 $\vec{A}$ 及
磁通密度 $\vec{B}$ 。

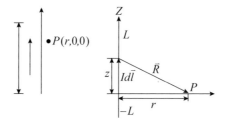

解：

(1) $d\vec{A} = \frac{\mu_0 I d\vec{l}}{4\pi R} = \frac{\mu_0 I dz}{4\pi \sqrt{z^2 + r^2}} \vec{a}_z$ ，所以

$$\vec{A} = \int d\vec{A} = \int_0^L \frac{\mu_0 I dz}{4\pi \sqrt{z^2 + r^2}} \vec{a}_z = \frac{\mu_0 I}{2\pi} \ln(z + \sqrt{z^2 + r^2}) \Big|_0^L \vec{a}_z$$

$$= \frac{\mu_0 I}{2\pi} \ln(\frac{L + \sqrt{L^2 + r^2}}{r}) \vec{a}_z$$

$$\vec{A}(r,0,0) = \frac{\mu_0 I}{2\pi} \ln(\frac{L + \sqrt{L^2 + r^2}}{r}) \vec{a}_z \quad 。$$

圖解電磁學

(2) $d\vec{B} = \dfrac{\mu_0 I d\vec{l} \times \vec{R}}{4\pi R^2}$, $d\vec{l} \times \vec{R} = (dz\vec{a}_z) \times (-\vec{a}_z + r\vec{a}_z) = rdz\vec{a}_\phi$ ，所以

$$\vec{B} = \int d\vec{B} = \int_{-L}^{L} \frac{\mu_0 r dz}{4\pi(z^2 + r^2)^{\frac{3}{2}}} \vec{a}_\phi = \frac{\mu_0 I}{2\pi} \int_{-L}^{L} \frac{r dz}{(z^2 + r^2)^{\frac{3}{2}}} \vec{a}_\phi = \frac{\mu_0 I L}{2\pi\sqrt{L^2 + r^2}} \vec{a}_\phi \quad 。$$

14. 在圖中的磁路 (相對導磁係數 $\mu_r = 5000$) 直流電流 $I = 2$(A)，流過繞在左分路的線圈 (匝數 $N = 200$)，而每一分路截面積都是 $S = 10^{-3} \text{m}^2$，$l = 0.1$m。假設沒有磁漏，而且每一分路的磁通都均勻，求出左邊分路的磁通 ϕ_1 和磁場強度 $\vec{H}_1$，再求出右邊分路的通 ϕ_3。($\mu_o = 4\pi \times 10^{-7}$(H/m))

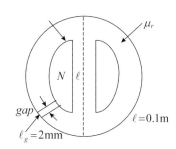

解：

化簡成磁路圖

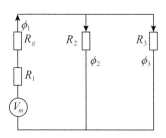

由圖中寫出網目電流方程式：$\begin{bmatrix} V_m \\ 0 \end{bmatrix} = \begin{bmatrix} R_1 + R_g + R_2 & -R_2 \\ -R_2 & R_2 + R_3 \end{bmatrix} \begin{bmatrix} \phi_1 \\ \phi_3 \end{bmatrix}$

再求出各個數值：$V_m = NI = 2 \times 200 = 400$，$R_1 = R_3 = \dfrac{\pi}{\mu S}$，$R_2 = \dfrac{2l}{\mu S}$

及 $R_g = \dfrac{l_g}{\mu_0 S}$。

代入得到：$\begin{bmatrix} 400 \\ 0 \end{bmatrix} = \begin{bmatrix} \dfrac{1000\pi}{\mu} + \dfrac{2}{\mu_0} + \dfrac{200}{\mu} & \dfrac{-200}{\mu} \\ \dfrac{-200}{\mu} & \dfrac{300}{\mu} + \dfrac{1000\pi}{\mu} \end{bmatrix} \begin{bmatrix} \phi_1 \\ \phi_3 \end{bmatrix}$。

解出：

$$\phi_1 = 2.4083 \times 10^{-4} \,(\text{web})，\quad \phi_3 = \frac{4.8166 \times 10^{-4}}{\pi + 2} \,(\text{web})，$$

$$\vec{H}_1 = \frac{\phi_1}{\mu S} = 38.98 \, A/m \,。$$

15. 如圖所示，z 方向電流 I 均勻分佈在一個半徑為 a 之無窮長半圓薄金屬片上，試求軸心處之磁通密度。

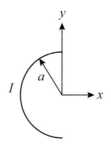

解：

$$dB = \frac{\mu_o \, d\vec{I}}{2\pi a}\,，\text{由}\ d\vec{I} = \frac{Ia\,d\theta}{\pi a}\,，\text{所以}\ dB = \frac{\mu_o}{2\pi a} \cdot \frac{Ia}{\pi a}\,d\theta = \frac{\mu_o I}{2\pi^2 a}\,d\theta$$

$$\vec{B} = \int dB \sin\theta\, \vec{a}_y = \int_0^\pi \frac{\mu_o I \sin\theta}{2\pi^2 a}\,d\theta\, \vec{a}_y = \frac{\mu_o I}{2\pi^2 a}\int_0^\pi \sin\theta\, d\theta\, \vec{a}_y$$

$$= \frac{\mu_o I}{2\pi^2 a} \cos\theta \Big|_\pi^0 \vec{a}_y = \frac{\mu_o I}{2\pi^2 a}(1+1)\vec{a}_y = \frac{\mu_o I}{\pi^2 a} \vec{a}_y \;\circ$$

16. 如圖所示，半徑為 a 之大圓柱體內有一半徑為 b 之中空圓柱，圓柱體沿軸方向有均勻分佈之電流，電流密度為 J_z，計算在中空圓柱內任意點之磁通密度。(假設空間所有位置之導磁係數皆為 μ_0，並且圓柱為無限長。)

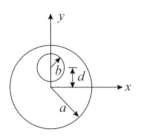

：

先求出實心圓柱部分，再減去空洞部分，所以

$$\vec{B}_1 = \frac{\mu_0 \pi r^2 \vec{J}_z}{2\pi r} \vec{a}_\phi = \frac{\mu_0 \vec{J}_z \times \vec{r}}{2} \;,\quad \vec{B}_2 = \frac{\mu_0(-\vec{J}_z)\times\vec{r}'}{2} \;\circ$$

$$\vec{B}_t = \vec{B}_1 + \vec{B}_2 = \frac{\mu_0 \vec{J}_z \times \vec{r}}{2} + \frac{\mu_0(-\vec{J}_z)\times\vec{r}'}{2} = \frac{\mu_0(-\vec{J}_z)\times(\vec{r}-\vec{r}')}{2} = \frac{\mu_0 \vec{J}_z \times d}{2}\vec{a}_x$$

17. 如圖所示之變壓器，一次側線圈匝數為 N_1 匝，二次側線圈匝數為 N_2 匝，在一次側通以電流 I，求在二次側的交鏈磁通。

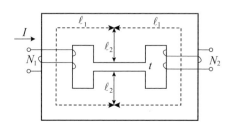

：

由圖中寫出網目電流方程式：

$$\begin{bmatrix} N_1 I \\ 0 \end{bmatrix} = \begin{bmatrix} R_1 + R_g + 2R_2 & -R_2 - R_g \\ -R_2 - R_g & 2R_2 + R_g + R_1 \end{bmatrix} \begin{bmatrix} \phi_{12} \\ \phi_2 \end{bmatrix}$$

再求出各個數值： $R_1 = \dfrac{l_1}{\mu S}$ ， $R_2 = \dfrac{l_2}{\mu S}$ 及 $R_g = \dfrac{l}{\mu_0 S}$ 。

代入解出得到： $\phi_2 = \dfrac{N_1 I (2R_2 + R_g)}{R_1 (R_1 + 4R_2 + 2R_g)}$ ，

所以 $\Lambda_2 = N_2 \phi_2 = \dfrac{N_1 N_2 I (2R_2 + R_g)}{R_1 (R_1 + 4R_2 + 2R_g)}$ 。

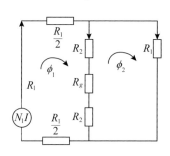

18. 如圖所示之變壓器，請求出所有的磁通量大小。

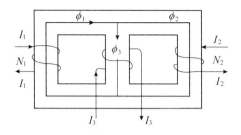

:

利用磁路轉換成電路的型式

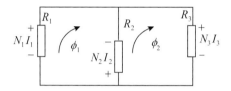

以網目電流法解，得到：$\begin{bmatrix} N_1I_1 + N_3I_3 \\ -N_2I_2 - N_3I_3 \end{bmatrix} = \begin{bmatrix} R_1 + R_2 & -R_2 \\ -R_2 & R_2 + R_3 \end{bmatrix} \begin{bmatrix} \phi_1 \\ \phi_2 \end{bmatrix}$

其中 $R_1 = \dfrac{1}{\mu}\dfrac{l_1}{S}$ ， $R_2 = \dfrac{1}{\mu}\dfrac{l_2}{S}$ ， $R_3 = \dfrac{1}{\mu}\dfrac{l_3}{S}$ ，代入各個數值，即可以解出

$$\phi_1 = \frac{N_1I_1R_2 + N_1I_1R_3 + N_2I_2R_3 + 2N_3I_3R_3 + N_2I_3R_2}{R_1R_2 + R_1R_3 + R_3R_2} ，$$

$$\phi_2 = \frac{-N_2I_2R_1 - N_3I_3R_1 - N_2I_2R_3 - 2N_3I_3R_3 + N_1I_1R_3}{R_1R_2 + R_1R_3 + R_3R_2}$$

Unit 12-10
電　感

1. 同軸電纜單位長度的電感是外部電感 (兩導體間的磁通交鏈所引起的) 和內部電感 (內導體內的磁通交鏈所引起的) 的和，為何在高頻時內部電感可忽略不計。

解：

　　高頻時產生集膚效應 (skin effect)，電流集中於同軸電纜表面，內部無電流，因此高頻時內部電感為零。

2. 如圖所示，在非磁性材料之一圓形上繞有均勻之繞線 N 匝，求自感值。

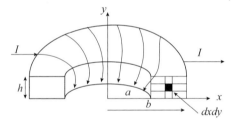

解：

(1) 利用安培定律可以得到 $\vec{B} = \dfrac{\mu NI}{2\pi x}\vec{a}_\phi$

(2) 磁通為 $\phi = \int d\phi = \int \vec{B} \cdot d\vec{S} = \int_0^h \int_a^b \dfrac{\mu NI}{2\pi x} dxdy$ ，其中 $d\phi = \vec{B}dS = \vec{B}dxdy$

　　求出 $\phi = \int_0^h \int_a^b \dfrac{\mu NI}{2\pi x} dxdy = \dfrac{\mu NIh}{2\pi} \ln \dfrac{b}{a}$

(3) 求出 $L = \dfrac{\Lambda}{I} = \dfrac{N\phi}{I} = \dfrac{\mu N^2 h}{2\pi} \ln \dfrac{b}{a}$

3. 如圖所示，環狀螺管線圈，半徑為 a，電流為 I，長度為 l，共計 N 匝，求內部的自感 L 為多少？

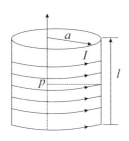

解：

由安培定律得知

(1) $\vec{H} = nI = \dfrac{N}{\ell} I \, \vec{a}_z$

(2) $\vec{B} = \mu_0 \vec{H} = \dfrac{\mu_0 NI}{\ell} \, \vec{a}_z$

(3) $\phi = \int \vec{B} \cdot dS = B \cdot \pi a^2 = \dfrac{\mu_0 NI\pi a^2}{l}$

(4) 求出 $\Lambda = N\phi = \dfrac{\mu_0 N^2 I\pi a^2}{l}$

(5) 自感：$L = \dfrac{\Lambda}{I} = \dfrac{\mu_0 N^2 \pi a^2}{l}$

4. 如圖所示，一同軸電線，內外半徑各為 a 與 b，其間之介質導磁係數為 μ_0 求單位長度之電感：(1) 當內導線為空心。(2) 當內導線為實心。

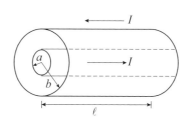

解：

(1) 當內導線為空心時，利用安培定律

$a \leq r \leq b$ 時：利用安培定律 $\oint \vec{B} \cdot \overrightarrow{d\ell} = \mu I$ ，可以得到 $\vec{B} = \dfrac{\mu I}{2\pi r} \vec{a}_\phi$

磁通為 $\phi = \int d\phi = \int \vec{B} \cdot dS = \int_0^b \dfrac{\mu I}{2\pi r} dr = \dfrac{\mu I}{2\pi} \ln \dfrac{b}{a}$ ，

因此 $L = \dfrac{\Lambda}{I} = \dfrac{N\phi}{I} = \dfrac{\mu I}{2\pi} \ln \dfrac{b}{a}$ ，單位長度電感為 $L_{unit} = \dfrac{\mu}{2\pi} \ln \dfrac{b}{a}$ 。

(2) 當內導線為實心時，利用安培定律

$0 \leq r < a$： $\oint \vec{B} \cdot \overrightarrow{d\ell} = N_{內} \mu_0 I_{內}$ ，代入 $N_{內} = (\dfrac{r}{a})^2$ ， $I_{內} = (\dfrac{r}{a})^2 I$ ，

經由 $\phi = \int d\phi = \int \vec{B} \cdot dS$ ，

求出 $\Lambda = \int d\Lambda = \int dN_{內} d\phi = \int_0^a (\dfrac{r}{a})^2 \dfrac{\mu I r l}{2\pi a} dr = \dfrac{\mu I l}{2\pi a^4} \int_0^a r^3 dr - \dfrac{\mu I l}{8\pi}$ ，

所以 $L = \dfrac{\Lambda}{I} = \dfrac{\mu l}{8\pi}$

(3) 單位長度電感為 $L_{unit} = \dfrac{\mu}{2\pi} \ln \dfrac{b}{a} + \dfrac{\mu l}{8\pi}$ 。

5. 中空之同軸電纜的內導體半行為 a，外導體之內徑為 b，外徑為 c。直流電流 I 由內導體流入，由外導體流回，求每一單位長度電纜之電感。

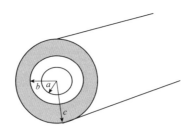

解：

$r < a$ 時：利用安培定律 $\oint \vec{B} \cdot \vec{d\ell} = \mu I$，

代入 $N_{內} = (\frac{r}{a})^2$，$I_{內} = (\frac{r}{a})^2 I$， 可以得到

(1) $\vec{B} = \dfrac{\mu r^3 I}{2\pi a^4} \vec{a}_\phi$

(2) $\phi = \int d\phi = \int \vec{B} \cdot dS$

(3) $\Lambda = \int d\Lambda = \int dN_{內} d\phi = \int_0^a (\dfrac{r}{a})^2 \dfrac{\mu I r l}{2\pi a} dr = \dfrac{\mu I l}{2\pi a^4} \int_0^a r^3 dr = \dfrac{\mu I l}{8\pi}$

(4) 求出 $L = \dfrac{\Lambda}{I} = \dfrac{\mu l}{8\pi}$

$a < r < b$ 時：$I_{內} = \mathrm{I}$， 可以得到

(1) $\vec{B} = \dfrac{\mu I}{2\pi r} \vec{a}_\phi$

(2) $\phi = \int d\phi = \int \vec{B} \cdot dS = \int_0^b \dfrac{\mu I}{2\pi r} dr = \dfrac{\mu I}{2\pi} \ln \dfrac{b}{a}$

(3) $L = \dfrac{\Lambda}{I} = \dfrac{N\phi}{I} = \dfrac{\mu l}{2\pi} \ln \dfrac{b}{a}$

$b < r < c$ 時：$I_{內} = I - (\dfrac{c^2 - r^2}{c^2 - b^2}) I$， 可以得到

(1) $\vec{B} = \dfrac{\mu I}{2\pi r} \left(\dfrac{c^2 - r^2}{c^2 - b^2} \right) \vec{a}_\phi$

(2) $\phi = \int d\phi = \int \vec{B} \cdot dS = \int_b^c \dfrac{\mu I}{2\pi r} \left(\dfrac{c^2 - r^2}{c^2 - b^2} \right) l dr = \dfrac{\mu I l}{2\pi} \left(\dfrac{c^2}{c^2 - b^2} \right) \ln \dfrac{c}{b} - \dfrac{\mu I}{4\pi}$

(3) $L = \dfrac{\Lambda}{I} = \dfrac{N\phi}{I} = \dfrac{\mu l}{2\pi} \left(\dfrac{c^2}{c^2 - b^2} \right) \ln \dfrac{c}{b} = \dfrac{\mu l}{4\pi}$

$r > c$ 時：$I = 0$，$\vec{B} = 0$

6. 如圖所示，同軸導體內外導體半徑各為 a 及 b(外徑厚度可以忽略)，而且電流為相反方向，求內部的自感 (a 與 b 之間) 和同軸導體 (a 內部) 的自感 L 各為多少。

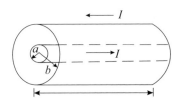

解 :

由安培定律得知

(1) $a < r < b$ 中，可以得到 $\vec{B} = \dfrac{\mu I}{2\pi r}\vec{a}_\phi$

$\phi = \dfrac{\mu_0 I}{2\pi}\ln\dfrac{b}{a}$，而 $\Lambda = N\phi = 1\phi$，所以 $\Lambda = \dfrac{\mu_0 I}{2\pi}\ln\dfrac{b}{a}$，

因此 $L = \dfrac{\Lambda}{I} = \dfrac{\mu_0}{2\pi}\ln\dfrac{b}{a}$ 。

(2) $0 \leq r < a$ 中：利用電流密度的觀念。

$I_{內} = \left(\dfrac{\pi r^2}{\pi a^2}\right)I = \left(\dfrac{r}{a}\right)^2 I$ ，而 $N_{內} = \left(\dfrac{r}{a}\right)^2$ ，得到 $\oint \vec{H}_{內} \cdot dl = N_{內} \cdot I$ ，

所以 $\vec{H} = \dfrac{N_{內}I_{內}}{2\pi r} = \dfrac{\left(\dfrac{r}{a}\right)^2\left(\dfrac{r}{a}\right)^2 I}{2\pi r} = \dfrac{r^3 I}{2\pi a^4}$ ，$d\phi = \vec{B}ldr = \mu_0\vec{H}ldr$

及 $d\Lambda = N_{內}d\phi$ 。

代入各個數值：所以

$\Lambda = \int d\Lambda = \int_0^a \dfrac{\mu_0 r^3 I}{2\pi a^4}ldr = \dfrac{\mu_0 Il}{2\pi a^4}\int_0^a r^3 dr = \dfrac{\mu_0 Il}{2\pi 4}\dfrac{1}{4}r^4\Big|_0^a = \dfrac{\mu_0 Il}{8\pi}$

得到 $L_{內} = \dfrac{\Lambda}{L} = \dfrac{\mu_0 l}{8\pi}$ 。

7. 圖中細線所繞成之環形線圈，平均半徑為 b，其中空部分之截面成圓形，半徑為 ，設線圈之圈數為 N。請按照下列步驟，求電感值。

(1) 全線圈通過一等值電流 I，應用 $\oint \vec{B} \cdot \overrightarrow{d\ell} = \mu_0 NI$，求中空部分任意 p 點之磁通密度 $\vec{B}$ 。

(2) 由已求出之 B 代入 $W_m = \dfrac{1}{2\mu_0} \int B^2 dv$ ，求出線圈中空部分所儲存之磁能。

(3) 根據 $W_m = \dfrac{1}{2} LI^2$ ，求證 $L = \mu_0 N^2 (b - \sqrt{b^2 - a^2})$

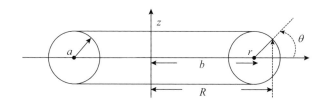

235

解：

(1) 利用安培定律 $\oint \vec{B} \cdot \overrightarrow{d\ell} = \mu_0 NI$，

可以得到 $\vec{B} 2\pi R = \mu_0 NI \vec{a}_\phi \Rightarrow \vec{B} = \dfrac{\mu_0 NI}{2\pi R} \vec{a}_\phi$ 。

(2) $W_m = \dfrac{1}{2\mu_0} \int B^2 dv \Rightarrow W_m = \dfrac{1}{2\mu_0} \int_a^0 \left(\dfrac{\mu_0 NI}{2\pi R} \right)^2 r dr R d\theta d\phi$ ，解出

$W_m = \dfrac{\mu_0 N^2 I^2}{8\pi} \int_a^0 \dfrac{r dr d\theta d\phi}{R}$ ，由圖得知 $R = b + r\cos\theta$，代入

$\Rightarrow W_m = \dfrac{\mu_0 N^2 I^2}{8\pi} \int_a^0 \dfrac{r dr d\theta d\phi}{b + r\cos\theta}$ ，

利用三角積分：$W_m = \dfrac{\mu_0 N^2 I^2}{2} (b - \sqrt{b^2 - a^2})$

(3) 求出 $L = \dfrac{2W_m}{I^2} = W_m = \mu_0 N^2 (b - \sqrt{b^2 - a^2})$ 。

8. 如圖所示，兩平行導線軸心相距 D，半徑為 a $(D \gg a)$，電流為相反方向，求兩平行導線間的自感 L 大小。

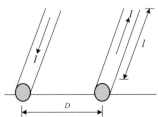

解：

仿照前面的做法：$\vec{B}_1 = \dfrac{\mu_0 I}{2\pi r} \vec{a}_\phi$ ， $\vec{B}_2 = \dfrac{\mu_0 I}{2\pi(D-r)} \vec{a}_\phi$ ，

而 $\vec{B} = \vec{B}_1 + \vec{B}_2 = \dfrac{\mu_0 I}{2\pi}\left[\dfrac{1}{r} + \dfrac{1}{(D-r)}\right]\vec{a}_\phi$ ，

進而求出 $\phi = \displaystyle\int \vec{B} \cdot dS = \int_a^{D-a} \dfrac{\mu_0 I}{2\pi}\left[\dfrac{1}{r} + \dfrac{1}{(D-r)}\right]\ell dr$

$= \dfrac{\mu_0 I \ell}{2\pi}\left[\ln r\Big|_a^{D-a} - \ln(D-r)\Big|_a^{D-a}\right] = \dfrac{\mu_0 I \ell}{2\pi}\left[\ln\dfrac{D-a}{a} - \ln\dfrac{D-(D-a)}{D-a}\right]$

$= \dfrac{\mu_0 I \ell}{2\pi}\left[2\ln\dfrac{D-a}{a}\right] = \dfrac{\mu_0 I l}{\pi}\ln\left(\dfrac{D-a}{a}\right)$

又 $\Lambda = N\phi = 1\phi = \dfrac{\mu_0 I \ell}{\pi}\ln\dfrac{D-a}{a}$ 。所以 $L = \dfrac{\Lambda}{I} = \dfrac{\mu_0 \ell}{\pi}\ln\dfrac{D-a}{a}$ 。

如果 $D \gg a$，在 $\ell = 1$ 公尺之下，則 $L = \dfrac{\mu_0}{\pi}\ln\dfrac{D}{a}$ 。

9. 如圖所示，無窮長導線 z 與直角三角形導線環 ABC 間之互感，其中 AB 平行於 z 軸，並且距離為 d，BC 的長度為 h。

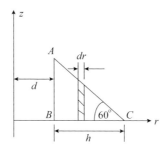

解：

(1) 由 $\vec{B}_2 = \dfrac{\mu_0 I_2}{2\pi r}\bar{a}_\phi$ 中，$\Lambda_{21} = \int_{s_1} \vec{B}_2 \cdot dS_1$，其中 $dS_1 = z\,dr\,\bar{a}_\phi$

(2) 由圖形中得知 $z = (r-d)\tan 60^\circ = \sqrt{3}\,(r-d)$，所以

$$\Lambda_{21} = \frac{\sqrt{3}\mu_0 I_2}{2\pi}\int_d^{d+h}\frac{r-d}{r}dr = \frac{\sqrt{3}\mu_0 I_2}{2\pi}\left[\left.r\right|_d^{d+h} - d\ln r\left.\right|_d^{d+h}\right]$$

$$= \frac{\sqrt{3}\mu_0 I_2}{2\pi}\left[h - d\ln(\frac{d+h}{d})\right]$$

(3) 因此 $M_{21} = \dfrac{\Lambda_{21}}{I_{21}} = \dfrac{\sqrt{3}\mu_0}{2\pi}\left[h - d\ln\dfrac{d+h}{d}\right]$

10. 如圖所示，直線和三角形距離為 D，求兩者之間互感 M 的大小。

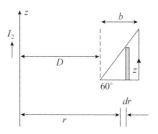

解：

(1) 由 $\vec{B}_2 = \dfrac{\mu_0 I_2}{2\pi r}\bar{a}_\phi$ 中，$\Lambda_{21} = \int_{s_1} \vec{B}_2 \cdot dS_1$，其中 $dS_1 = z\,dr\,\bar{a}_\phi$

(2) 由圖形中得知 $z = (r-D)\tan 60^\circ = \sqrt{3}\,(r-D)$，所以

$$\Lambda_{21} = \frac{\sqrt{3}\mu_0 I_2}{2\pi}\int_D^{D+b}\frac{r-D}{r}dr = \frac{\sqrt{3}\mu_0 I_2}{2\pi}\left[\left.r\right|_D^{D+b} - D\ln r\,\Big|_D^{D+b}\right]$$

$$= \frac{\sqrt{3}\mu_0 I_2}{2\pi}\left[b - D\ln\left(\frac{D+b}{D}\right)\right]$$

(3) 因此 $M_{21} = \dfrac{\Lambda_{21}}{I_{21}} = \dfrac{\sqrt{3}\mu_0}{2\pi}\left[b - D\ln\dfrac{D+b}{D}\right]$

11. 如圖所示，有一寬度為 w，高度為 h 的長方形導電環路置於很長的直線導附近，假設通過直線的電流為 $i(t) = I\sin\omega t$（其中 t 為時間），求兩導體間的互感。

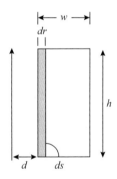

解：

(1) 由 $\vec{B}_2 = \dfrac{\mu_0 I_2}{2\pi r}\vec{a}_\phi$ 中，$\Lambda_{21} = \displaystyle\int_{s_1}\vec{B}_2 \cdot d\vec{S}_1$，其中 $d\vec{S}_1 = zdr\vec{a}_\phi$

(2) $\phi_{21} = \displaystyle\int_d^{d+w}\frac{\mu_0 I_2}{2\pi r}hdr = \frac{\mu_0 I_2 h}{2\pi r}\ln r\,\Big|_d^{d+w} = \frac{\mu_0 I_2 h}{2\pi}\ln\left(\frac{d+w}{d}\right)$

(3) $M_{21} = \dfrac{\Lambda_{21}}{I_{21}} = \dfrac{\phi_{21}}{I_{21}} = \dfrac{\mu_0 h}{2\pi}\ln\left(\dfrac{d+w}{d}\right)$

12. 如圖所示，真空內兩個全等之單匝圓型線圈之半徑各為 5cm，兩線圈面互相平行，並且兩中心位於 z 軸上，相隔 20cm，求兩線圈間之互感。

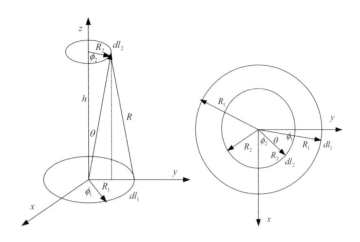

解：

利用互感的公式：$M = \dfrac{\mu_0}{4\pi} \oint_{t_1} \oint_{t_2} \dfrac{\vec{dl_1} \cdot \vec{dl_2}}{\vec{r}}$

代入所有的參數：$\vec{dl_1} = R_1 d\phi_1 \vec{a}_\phi$ ，$\vec{dl_2} = R_2 d\phi_2 \vec{a}_\phi$ ，

$$\vec{dl_1} \cdot \vec{dl_2} = R_1 R_2 \cos\theta d\phi_1 d\phi_2 \text{ , } \theta = \phi_1 - \phi_2 \text{ 。}$$

再根據圖可以得到：

$$\vec{r_1} = R_1 \cos\phi_1 \vec{a}_x + R_1 \sin\phi_1 \vec{a}_y \text{ 及 } \vec{r_2} = R_2 \cos\phi_2 \vec{a}_x + R_2 \sin\phi_2 \vec{a}_y \text{ 。}$$

因此：$\vec{r} = |\vec{r_1} - \vec{r_2}| = \sqrt{h^2 + R_1^2 + R_2^2 - 2R_1 R_2 \cos\theta}$

得到：$M = \dfrac{\mu_0}{4\pi} \int_0^{2\pi} \int_0^{2\pi} \dfrac{\vec{dl_1} \cdot \vec{dl_2}}{\vec{r}} = \dfrac{\mu_0}{4\pi} \int_0^{2\pi} \int_0^{2\pi} \dfrac{R_1 R_2 \cos\theta d\phi_1 d\phi_2}{\sqrt{h^2 + R_1^2 + R_2^2 - 2R_1 R_2 \cos\theta}}$

假設 $\theta = \pi - 2\alpha$ ，$k = 2\sqrt{\dfrac{R_1 R_2}{h^2 + (R_1 + R_2)^2}}$ ，

則 $d\theta = -2d\alpha$ ，$\cos\theta = 2\sin^2\alpha - 1$ 。

積分式中的

$$\frac{R_1 R_2}{\sqrt{h^2 + R_1^2 + R_2^2 - 2R_1 R_2 \cos\theta}} = \frac{R_1 R_2}{\sqrt{h^2 + (R_1 + R_2)^2 - 2R_1 R_2 (1 + \cos\theta)}}$$

$$= \frac{k}{2} - \frac{\sqrt{R_1 R_2}}{\sqrt{1 - k^2 \sin^2\alpha}} \quad \circ$$

因此

$$M = \mu_0 \sqrt{R_1 R_2} \left[(\frac{2}{k} - k)E_1(k) - \frac{2}{k}E_2(k) \right] \tag{1}$$

(1) 式中 $E_1(k)$ 稱為第一類橢圓積分，$E_2(k)$ 稱為第二類橢圓積分，

經由計算 $E_1(k) = 1.9736$，$E_2(k) = 1.4891$。

此時代入給定之數值 $R_1 = R_2 = 5\text{cm}$，$h = 20\text{cm}$。

$$k = 2\sqrt{\frac{R_1 R_2}{h^2 + (R_1 + R_2)^2}} = 2\sqrt{\frac{5 \times 5}{20^2 + (5 + 5)^2}} = \frac{\sqrt{5}}{5} \quad \text{，所以}$$

$$M = \mu_0 \sqrt{5 \times 5} \left[(2\sqrt{5} - \frac{\sqrt{5}}{5})(1.9736) - 2\sqrt{5}(1.4891) \right] = 8.0684 \times 10^{-6} \text{ (H)}$$

13. 如圖所示，兩同軸螺管線圈，內徑為 a，外徑為 b，匝數分別為 N_1 及 N_2，求兩螺管線圈之間的互感 M 大小。

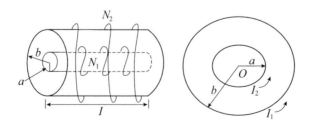

解：

(1) 首先以 N_1 為主： $M_{12} = \dfrac{N_2 \phi_{12}}{I_1}$ ，

而 $\phi_{12} = B_1 S_1 = \mu_0 H_1 S_1 = \mu_0 \dfrac{N_1 I_1}{\ell} \pi a^2$（此時內線圈外並無它產生

的磁場，故面積僅為 S_1），所以 $\phi_{12} = \dfrac{\mu_0 N_1 I_1 \pi a^2}{l}$ ，

$\Lambda = N_2 \phi_{12} = \dfrac{\mu_0 N_1 N_2 I_1 \pi a^2}{l}$ ，$M_{12} = \dfrac{N_2}{I}$ ，$\dfrac{N_2 \phi_{12}}{I_1} = \dfrac{\mu_0 N_1 N_2 \pi a^2}{l}$

(2) 以 N_2 為主：$M_{21} = \dfrac{N_1 \phi_{21}}{I_2}$ ，而

$\phi_{21} = B_2 S_1 = \dfrac{\mu_0 H_2 S_2}{l} \pi a^2 = \dfrac{\mu_0 N_2 I_2 \pi a^2}{l}$

所以 $M_{21} = \dfrac{N_1 \phi_{21}}{I_2} = \dfrac{\mu_0 N_2 N_1 \pi a^2 I_2}{I_2 l} = \dfrac{\mu_0 N_1 N_2 \pi a^2}{l}$ ，得出 $M_{12} = M_{21}$

（滿足交換律）

(3) 利用所得之結果求出：$L_{11} = \dfrac{\mu N_1^2 \pi a^2}{\ell}$ ，$L_{22} = \dfrac{\mu N_2^2 \pi b^2}{\ell}$ 。

則 $\sqrt{L_{11} L_{22}} = \dfrac{\mu N_1 N_2 \pi ab}{\ell}$ 。而 $\dfrac{M_{12}}{\sqrt{L_{11} L_{22}}} = \dfrac{a}{b} = k$ ，在基本的電路學

中，k 稱為耦合係數 (coupling coefficient)。

14. 一個偶極矩為 $\vec{m}$ 的磁偶極，所產生在遠方之磁位為 $V_m = \dfrac{\vec{m} \cdot \vec{R}}{4\pi R^3}$ ，其中

$\vec{R} = R \vec{a}_R$ 是磁偶極到觀測點之向量，磁通密度為 $\vec{B} = -\mu_0 \vec{\nabla} V_m$。今假設

有兩半徑分別是 a 與 b 的圓形線圈，放在相同的平面上，兩圓心之間

的距離是 d，並且 $d \gg a$ 及 $d \gg b$，求兩線圈間之互感。

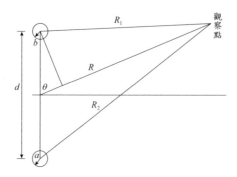

解：

由 $V_m = \dfrac{\vec{m} \cdot \vec{R}}{4\pi R^3}$ 得到 $V_m = \dfrac{Ia^2}{4\pi R^2}\cos\theta$，$R_1 \approx R_2 \approx R$（在遠方）。

由磁位公式

$$\vec{B} = -\mu_0 \vec{\nabla} V_m = -\mu_0 \left(\frac{1}{1}\frac{\partial V_m}{\partial R}\vec{a}_R + \frac{1}{R}\frac{\partial V_m}{\partial \theta}\vec{a}_\theta \right)$$

$$= \left(\frac{\mu_0 Ia^2 \cos\theta}{4\pi R^3}\vec{a}_R + \frac{\mu_0 Ia^2 \sin\theta}{4\pi R^3}\vec{a}_\theta \right)$$

如圖所示，$\theta = \dfrac{\pi}{2}$ 及 $R = d$ 代入，得到 $\vec{B} = \dfrac{\mu_0 Ia^2}{4\pi d^3}\vec{a}_\theta$，

而 $\phi = B\pi b^2 = \dfrac{\mu_0 Ia^2}{4\pi d^3} \times \pi b^2 = \dfrac{\mu_0 Ia^2 b^2}{4d^3}$，因此 $M_{ab} = \dfrac{\phi_{ab}}{I_a} = \dfrac{\mu_0 a^2 b^2}{4\pi d^3}$。

Unit **12-11**

界面條件

1. 如圖所示，兩導電介質交界於一平面，導電係數 (conductivity) 及介電係數 (permittivity) 分別為 σ_1, ε_1 及 σ_2, ε_2。假設界面上某一點附近，介質 1 中之靜電流密度大小為 $\vec{J}_1$，而與界面法線之夾為 θ_1，試求 P 點附近介質 2 中之靜電流密度的大小 $\vec{J}_2$ 以及方向角 θ_2。

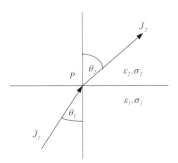

：

  1. 電流場垂直通過介質界面時：$\vec{J}_{1n} = \vec{J}_{2n}$ 。

  2. 電流場平行介質界面時：$\vec{E}_{1t} = \vec{E}_{2t}$ ，$\vec{J} = \sigma \vec{E} \Rightarrow \vec{E} = \dfrac{\vec{J}}{\sigma}$ ，

    因此 $\dfrac{\vec{J}_{1t}}{\sigma_1} = \dfrac{\vec{J}_{2t}}{\sigma_2} \Rightarrow \dfrac{\vec{J}_{1t}}{\vec{J}_{2t}} = \dfrac{\sigma_1}{\sigma_2}$ 。

  3. 電流場具某一角度通過介質界面時

    水平部分：由水平分量的關係，可以得到：$\dfrac{\vec{J}_{1t}}{\vec{J}_{2t}} = \dfrac{\sigma_1}{\sigma_2} = \dfrac{\vec{J}_1 \sin \theta_1}{\vec{J}_2 \sin \theta_2}$ ，

    化簡成

$$\sigma_2 \vec{J}_1 \sin \theta_1 = \sigma_1 \vec{J}_2 \sin \theta_2 \qquad (1)$$

垂直部分：由垂直分量的關係，可以得到：$\vec{J}_{1n} = \vec{J}_{2n}$

$$\vec{J}_1 \cos\theta_1 = \vec{J}_2 \cos\theta_2 \qquad (2)$$

將 (1) 式除以 (2) 式，可以得到 $\dfrac{\sigma_2 \vec{J}_1 \sin\theta_1}{\vec{J}_1 \cos\theta_1} = \dfrac{\sigma_1 \vec{J}_2 \sin\theta_2}{\vec{J}_2 \cos\theta_2}$ ，

因此 $\sigma_2 \tan\theta_1 = \sigma_1 \tan\theta_2$ ，

再由 (2) 式得到

$$\vec{J}_2 = \vec{J}_1 \frac{\cos\theta_1}{\cos\theta_2} \quad , \quad \theta_2 = \tan^{-1}(\frac{\sigma_2}{\sigma_1}\tan\theta_1) \qquad (3)$$

1. 試證 $\nabla \cdot \vec{B} = 0$ ，並且說明其意義。

    解：

    利用磁荷的定義中得知，磁荷是不能單獨存在的，必須成對的出現，因此通過任一封閉平面的磁場強度的通量密度 ϕ 一定為 0，所以存在下面的數學式：

    $$\phi_{封閉平面} = \int \vec{B} \cdot d\vec{S} = 0 \qquad (1)$$

    利用高斯散度定理，將 (1) 式化成散度定理的型式得到：

    $$\oint \vec{B} \cdot d\vec{S} = \oint (\nabla \cdot \vec{B}) \, dv = 0 \qquad (2)$$

    因此得到 $\nabla \cdot \vec{B} = 0$ ，得證。

2. 請各寫出馬克斯威爾方程式的微分形式與積分形式，並且指出每道方程式所代表物理上的意義或者實驗定律。

    解：

    $\nabla \cdot \vec{E} = \dfrac{\rho}{\varepsilon}$ ：電場發散的程度和電荷所處在的環境有相當大的關係。

    $\nabla \cdot \vec{H} = 0$ ：磁場強度 $\vec{H}$ 的散度為零，表示磁荷是不能單獨存在的，必須成對的出現。

    $\nabla \times \vec{E} = -\dfrac{\partial \vec{B}}{\partial t}$ ：法拉第定律。

    $\nabla \times \vec{H} = \vec{J}$ ：安培定律。

$$\oint \vec{E} \cdot dS = \frac{Q}{\varepsilon}$$ ：高斯定律，通過某一封閉曲面上的總電力線數 (電
通量) 和該封閉曲面內的總電荷數成正比。

$$\oint \vec{H} \cdot dS = 0$$ ：磁場旋轉而不發散。

$$\oint \vec{E} \cdot dl = -\frac{\partial \phi}{\partial t}$$ ：法拉第定律。

$$\oint \vec{H} \cdot dl = I$$ ：安培定律，環繞一封閉曲線對磁場強度的線積分和該
封閉曲線內的總電流相等。

Unit **12-13**

電磁力

1. 試說明法拉第定律。

：

法拉第定律為「將兩個鐵環繞上兩組同心線圈，其中一組接電流表，另一組接電池，當電池電路閉上時，另一組線圈的電流表會產生偏轉。而電池電路打開時，電流表則會產生反向偏轉」。接著他又做了磁場和線圈的相對運動的實驗，說明了感應電動勢的產生和磁通對時間的變化有關，使用以下的數學式表示：

$$V = -\frac{d\phi}{dt} \tag{1}$$

其中：i. V 為感應電動勢。

　　　ii. ϕ 為通過同心線圈的磁通大小

　　　iii. 負號則表示感應電動勢產生反向的磁通

2. 利用冷次定律決定下列各狀況下，電阻內所產生感應電流之方向：(1) 當 B 線圈移近 A 線圈時。(2) 當 R 電阻減少時。(3) 當 S 開啟時。

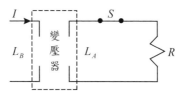

：

(1) 當 B 線圈移近 A 線圈時磁通量會增加，根據冷次定律，A 線圈為了維持現狀，會感應一反向電動勢，因此電流方向由下而上。

(2) 當 R 電阻減少時，磁通量不會改變，感應電動勢不變，僅僅感

應電流變大，但是方向不變。

(3) 當 S 開啟時，電路為開路，電阻無感應電流產生。

3. 如圖所示之變壓器，一次側線圈匝數為 N_1 匝，二次側線圈匝數為 N_2 匝，今在一次側通以電流 I，請說明鐵心中的氣隙有何作用。

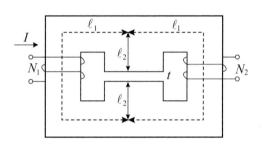

解：

變壓器鐵心中的氣隙主要是增加磁阻，以防止鐵心達到飽和而影響磁路的線性。

4. 如圖所示，一條導線及一個長方形線圈，二者相距 d，長線中載有電流 I，將線圈以等速 v 與導線平行向右移動，根據法拉第定律 $e = \dfrac{-d\phi}{dt}$ ，

試證：$e = \dfrac{\mu_0 I d b v}{2\pi(d+vt)(d+a+vt)}$ 。

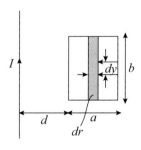

解 :

由安培定律中 $\oint \vec{H} \cdot d\vec{l} = I$ ，得到 $\vec{H} \cdot 2\pi r = I$ ，所以

(1) $\vec{H} = \dfrac{\mu_0 I}{2\pi r} \vec{a}_\phi$

(2) $\vec{B} = \mu_0 \vec{H} = \dfrac{\mu_0 I}{2\pi r} \vec{a}_\phi$

(3) $\phi = \int \vec{B} \cdot dS = \iint \dfrac{\mu_0 I}{2\pi r} dr dz = \dfrac{\mu_0 I}{2\pi} \iint \dfrac{1}{r} dr dz = \dfrac{\mu_0 I}{2\pi} \Big|_{d+vt}^{d+a+vt}$

$\qquad = \dfrac{\mu_0 I}{2\pi} \ln \dfrac{(d+a+vt)}{(d+vt)}$

(4) $e = (\dfrac{-d\phi}{dt}) = \dfrac{-d\left(\dfrac{\mu_0 I}{2\pi} \ln \dfrac{(d+a+vt)}{(d+vt)} \right)}{dt} = \dfrac{\mu_0 I}{2\pi} \left(\dfrac{v}{(d+vt)} + \dfrac{v}{(d+a+vt)} \right)$

$\qquad = \dfrac{\mu_0 I dbv}{2\pi(d+vt)(d+a+vt)}$

5. 如圖所示，於 xy 平面的長方形金屬線環，以等速度 $\vec{V}$ 沿 x 方向通過 z 方向的均勻靜磁場 $\vec{B}_z = C$ ，其中 C 為一常數，則線環上的感應電動勢 (induced emf) 大小為何。

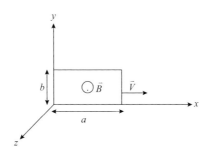

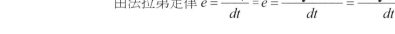

解：

$$由法拉第定律\ e = \frac{-d\phi}{dt} = e = \frac{-d\int \vec{B}\cdot dS}{dt} = \frac{-d\int C\cdot dS}{dt} = \frac{-d(常數)}{dt} = 0$$

6. 同一平面內有一無限長電線，電流為 I_1，又有一個三角形線圈，電流為 I_2，如圖所示。求電線與線圈間之力（空間導磁率為 μ_0）。

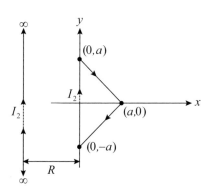

解：

(1) $\phi_{12} = \int \vec{B}_1 \cdot dS = \int \frac{\mu_0 I_1}{2\pi(R+x)} dy\,dx = 2\int_0^a \int_0^{a-x} \frac{\mu_0 I_1}{2\pi(R+x)} dy\,dx$

$$= \frac{\mu_0 I_1}{\pi} \int_0^a \frac{a-x}{R+x} dx = \frac{\mu_0 I_1}{\pi}\left[(a+R)\ln\left(\frac{R+a}{R}\right) - a\right]$$

(2) $L_{12} = \dfrac{\phi_{12}}{I_1} = \dfrac{\mu_0}{\pi}\left[(a+R)\ln\left(\dfrac{R+a}{R}\right) - a\right]$

(3) $W_m = I_1 I_2 L_{12} = \dfrac{\mu_0 I_1 I_2}{\pi}\left[(a+R)\ln\left(\dfrac{R+a}{R}\right) - a\right]$

(4) $\vec{F} = \Delta W_m = \dfrac{dW_m}{dR}\vec{a}_x = \dfrac{\mu_0 I_1 I_2}{\pi}\left[\ln\left(\dfrac{R+a}{R}\right) - \dfrac{a}{R}\right]\vec{a}_x$

7. 在電場強度 $\vec{E}=200\vec{a}_x$ V/m 及磁通密度 $\vec{B}=0.4\vec{a}_x$ Weber/m² 之空間中,有一電荷 Q,以速度 $\vec{V}=1\vec{a}_x$ m/s 移動,求作用於電荷 Q 之作用力?

解:

利用勞侖茲力 $\vec{F} = \vec{F}_e + \vec{F}_m = Q\vec{E} + Q\vec{V} \times \vec{B} = Q(\vec{E} + \vec{V} \times \vec{B})$,

代入相關數值

$$\vec{F} = \vec{F}_e + \vec{F}_m = Q(200\vec{a}_x + 1\vec{a}_x \times 0.4\vec{a}_y) = 200Q\vec{a}_x + 0.4Q\vec{a}_z$$

大小為 $|\vec{F}| = \sqrt{(200)^2 + (0.4)^2}Q = 200.0004 \,(\text{Nt})$

8. 將一平行於 軸之線電荷 ($\rho_\ell = 10^{-4}$ C/m) 置於 $x = 2$、$y = 0$ 的位置,同時將另一面電荷 ($\rho_S = 10^{-4}$ C/m²) 置於 $x = 0$ 的平面上。如果有一點電荷 $Q = 10^{-6}$ C 位於 $x = 1$、$y = 0$ 及 $z = 3$ 的位置上,求此一點電荷所受之合力?

解:

(1) 點對線的電場 $\vec{E}_1 = \dfrac{\rho_l}{2\pi a\varepsilon}\vec{a}_n = \dfrac{10^{-4}}{2\pi 1\varepsilon}\vec{a}_n$

(2) 點對面的電場 $\vec{E}_2 = \dfrac{\sigma_s}{2\varepsilon}\vec{a}_n = \dfrac{10^{-4}}{2\varepsilon}\vec{a}_n$

所以總電場為 $\overline{E} = \vec{E}_1 + \vec{E}_2 = \dfrac{10^{-4}}{2\pi 1\varepsilon}\vec{a}_n + \dfrac{10^{-4}}{2\pi 1\varepsilon}\vec{a}_n = \dfrac{10^{-4}}{2\varepsilon}\left(1 + \dfrac{1}{\pi}\right)\vec{a}_n$

合力為 $\vec{F} = Q\overline{E} = 10^{-6} \times \dfrac{10^{-4}}{2\varepsilon}\left(1 + \dfrac{1}{\pi}\right)\vec{a}_n = \dfrac{10^{-10}}{2\varepsilon}\left(1 + \dfrac{1}{\pi}\right)(\text{Nt})$

9. 如圖所示，兩塊無窮大而相互垂直之接地導體板，求在 (a,b) 處點電荷 Q 所受之 $\vec{F}_x$ 及 $\vec{F}_y$ 之分力。

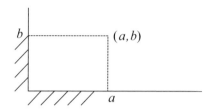

解：

利用影像電荷

252

(1) 由庫倫定律

$$\vec{F}_1 = \frac{Q \cdot Q}{4\pi\varepsilon_0} \frac{1}{(2b)^2}(-\vec{a}_y) \ , \ \ \vec{F}_2 = \frac{Q \cdot Q}{4\pi\varepsilon_0} \frac{1}{(2a)^2}(-\vec{a}_x) \ ,$$

$$\vec{F}_3 = \frac{Q \cdot Q}{4\pi\varepsilon_0} \frac{1}{[(2a)^2 + (2b)^2]}[\cos\theta \, \vec{a}_x + \sin\theta \, \vec{a}_y) \ ,$$

代入 $\cos\theta = \dfrac{a}{\sqrt{a^2 + b^2}}$ 及 $\sin\theta = \dfrac{b}{\sqrt{a^2 + b^2}}$ ，

(2) $\vec{F}_x = \dfrac{-Q \cdot Q}{4\pi\varepsilon_0} \dfrac{1}{(2a)^2} + \dfrac{Q \cdot Q}{4\pi\varepsilon_0} \dfrac{1}{[(2a)^2 + (2b)^2]} \cdot \dfrac{a}{\sqrt{a^2 + b^2}}$

$\qquad = \dfrac{Q^2}{16\pi\varepsilon_0}\left[\dfrac{a}{\sqrt[3]{a^2 + b^2}} - \dfrac{1}{a^2}\right]$ (Nt)

$$\vec{F}_y = \frac{-Q \cdot Q}{4\pi\varepsilon_0} \frac{1}{(2b)^2} + \frac{Q \cdot Q}{4\pi\varepsilon_0} \frac{1}{[(2a)^2 + (2b)^2]} \cdot \frac{b}{\sqrt{a^2 + b^2}}$$

$$= \frac{Q^2}{16\pi\varepsilon_0} \left[\frac{b}{\sqrt[3]{a^2 + b^2}} - \frac{1}{b^2} \right] \text{(Nt)}$$

10. 有一長方形線圈,將它置於一無限長導線附近距離 2 cm,導線電流 $I_1 = 10$ A,而線圈電流 $I_2 = 0.1$ mA,求作用在線圈上之磁力。

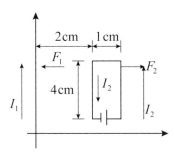

解:

由安培定律及圓柱座標,得到 $\vec{B} = \frac{\mu_0 I}{2\pi r}(\vec{a}_\phi)$。

利用 $\vec{F} = \vec{I} \times \vec{B} \cdot l$ 的公式, $\vec{F}_1 = \frac{\mu_0 I_2 I_1 l_1}{2\pi r_1} \vec{a}_\phi$, $\vec{F}_2 = \frac{\mu_0 I_2 I_1 l_1}{2\pi r_2} \vec{a}_\phi$,

代入相關之數值,所以

$$\vec{F}_t = \vec{F}_1 + \vec{F}_2 = \frac{\mu_0 \cdot 10 \cdot 0.1 \times 10^{-3} \cdot 4 \times 10^{-2}}{2\pi(2 \times 10^{-2})} \vec{a}_\phi + \frac{\mu_0 \cdot 10 \cdot 0.1 \times 10^{-3} \cdot 4 \times 10^{-2}}{2\pi(3 \times 10^{-2})} \vec{a}_\phi$$

$$= \frac{\mu_0}{3000\pi} \vec{a}_\phi \text{ (Nt)}$$

11. 直流電流 $I = 5$ (A) 通過如下圖所示的三角形環路 假設有均勻磁通密度 (uniform magnetic flux density) $\vec{B}=0.8\vec{a}_y$ (T) 在該區域，求作用於環之力及力矩。

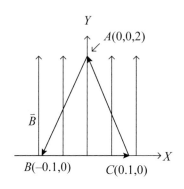

解：

利用勞侖茲力 $\vec{F} = \vec{I} \times \vec{B}l = \vec{I} \int \vec{B} \cdot dl = \vec{I} \times \vec{B} \oint dl$ ：代入相關數值：

$\vec{B}$ 為均勻磁通，l 為封閉環路，因此 $\vec{F} = \vec{I} \times \vec{B} \oint dl = 0$ 。

12. 如圖所示，一半徑為 b，間隔為 d 之平行金屬圓板電容器，電容器中有一內外半徑各為 a、b，介電率為 ε_2 之圓環及有一厚度為 t 介電率為 ε_2 半徑為 a 之圓板，電容器外加一電壓 V，求上下金屬板及介質圓板所受之力。

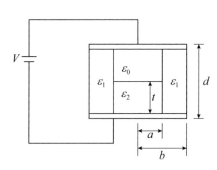

：

將完整圖畫出

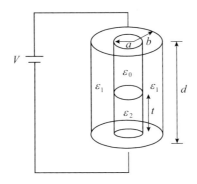

此時：(1) $C_1 = \dfrac{\varepsilon_1 A}{d} = \dfrac{\varepsilon_1 \pi (b^2 - a^2)}{d}$ ，

內環上半部：$C_0 = \dfrac{\varepsilon_0 A_0}{d} = \dfrac{\varepsilon_1 \pi a^2}{d - t}$

內環下半部：$C_2 = \dfrac{\varepsilon_2 A_2}{d} = \dfrac{\varepsilon_2 \pi a^2}{t}$

由圖中得知內環為串聯後再與外環並聯，因此

$$C = \frac{C_0 \times C_2}{C_0 + C_2} + C_1 = \frac{\varepsilon_1 \pi (b^2 - a^2)}{d} + \frac{\varepsilon_0 \varepsilon_2 \pi a^2}{\varepsilon_0 t + \varepsilon_2 (d - t)}$$

(2) $\vec{E} = \dfrac{V}{d}$ ，所以 $\begin{cases} \vec{E}_0 (d - t) + \vec{E}_2 t = V \\ \varepsilon_0 \vec{E}_0 = \varepsilon_2 \vec{E}_2 \end{cases}$ ，解聯立方程組，得到

$$\vec{E}_0 = \frac{\varepsilon_2 V}{\varepsilon_0 t + \varepsilon_2 (d - t)} \quad , \quad \vec{E}_2 = \frac{\varepsilon_0 V}{\varepsilon_0 t + \varepsilon_2 (d - t)} \text{ 及 } P = \frac{D^2}{2\varepsilon_0}$$

(i) 當 $r < a$ 時，$P_0 = \dfrac{D^2}{2\varepsilon_0} = \dfrac{(\varepsilon_0 \vec{E}_0) \cdot (\varepsilon_2 \vec{E}_2)}{2\varepsilon_0} = \dfrac{\varepsilon_2 \vec{E}_0 \vec{E}_2}{2}$ 。

(ii) 當 $a < r < b$ 時，$P_1 = \dfrac{D^2}{2\varepsilon_0} = \dfrac{\varepsilon_1^{\,2} \vec{E}_1^{\,2}}{2\varepsilon_0}$ 。

(3) $\vec{F} = \pi a^2 P_0 + \pi(b^2 - a^2)P_1 = \dfrac{\pi a^2 \varepsilon_0 \varepsilon_2^2 V}{2[\varepsilon_0 t + \varepsilon_2(d-t)]^2} + \dfrac{\pi(b^2 - a^2)\varepsilon_1^2 V^2}{2\varepsilon_0 d^2}$

13. 如圖所示，電流為 I，磁通為 ϕ，截面積為 S，求電磁鐵之間的吸力大小。

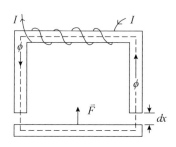

解：

由能量的公式中，$W = \dfrac{1}{2}\displaystyle\int \vec{B} \cdot \vec{H} dv = \dfrac{1}{2}\int \dfrac{B^2}{\mu} dv$ ，取微小變化，

得到 $dW = \dfrac{1}{2}\dfrac{B^2}{\mu}S dx$ 。

以力學觀點而言，，所以 $\dfrac{1}{2}\dfrac{B^2}{\mu}S dx = F dx$ ，化簡為 $F = \dfrac{B^2 S}{2\mu}$ 。

而總吸力為兩倍的 F，而且在空氣中，因此

$$F_{總} = 2\left(\dfrac{1}{2}\dfrac{B^2}{\mu_0}S\right) = \dfrac{B^2 S}{\mu_0} = \dfrac{B^2 S^2}{\mu_0 S} = \dfrac{\phi^2}{\mu_0 S}$$

14. 有一半徑 a 的金屬盤，在均勻不變的磁場 $\vec{B}$ 中，以 ω 角速度旋轉，並且有兩電刷分別接在盤心 O 及盤邊 P 處，而構成下圖的拉法第發電機，如果磁場 $\vec{B}$ 與盤面垂直，求 OP 點間產生的電壓大小。

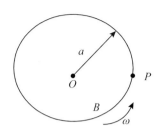

：

由磁通計算出

$$\phi = \int \vec{B} \cdot dS = \frac{1}{2}\vec{B}a^2\theta \quad, \quad e = (\frac{-d\phi}{dt}) = \frac{-1}{2}\vec{B}a^2\frac{d\theta}{dt} = \frac{-1}{2}Ba^2\omega \quad,$$

大小為 $|e| = \frac{-1}{2}Ba^2\omega$ 。

15. 半徑為 a 之金屬導體，在距球心 x 處置一電荷 Q，如果 $x \gg a$，求作用力。

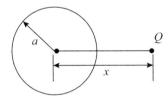

：

(1) 金屬導體接地，經由影像法，影像電荷為 $Q_i = \dfrac{-aQ}{x}$ ，

位置為 $\dfrac{a^2}{x}$ 處，所以

$$\overline{F} = \frac{\dfrac{-aQ}{x}Q}{4\pi\varepsilon_0\left(x - \dfrac{a^2}{x}\right)^2} \approx \frac{-aQ^2}{4\pi\varepsilon_0 x^3}$$

(2) 金屬導體不接地，經由影像法，影像電荷同 (1) 中之大小，位置在球心處，

所以 $\vec{F} = \dfrac{\dfrac{-aQ}{x}Q}{4\pi\varepsilon_0\left(x-\dfrac{a^2}{x}\right)^2} + \dfrac{Q\left(Q+\dfrac{aQ}{x}\right)}{4\pi\varepsilon_0 x^2} \approx \dfrac{Q^2}{4\pi\varepsilon_0 x^2}$

(3) 金屬導體不帶電荷，經由影像法，影像電荷同 (1) 中之大小

所以 $\vec{F} = \dfrac{\dfrac{-aQ}{x}Q}{4\pi\varepsilon_0\left(x-\dfrac{a^2}{x}\right)^2} + \dfrac{\dfrac{aQ^2}{x}}{4\pi\varepsilon_0 x^2} \approx 0$

16. 有一接地金屬球，半徑為 a，一正電荷距離球心 O 為 d，試求 Q 與金屬球間之吸引力大小。

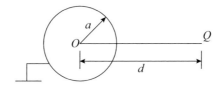

解：

(1) 經由影像法，影像電荷為 $Q_i = \dfrac{-aQ}{x}$，位置為 $d_1 = \dfrac{a^2}{d}$ 處，所以

$$\vec{E} = \dfrac{\dfrac{-aQ}{d}}{4\pi\varepsilon_0(d-d_1)^2}\vec{a}_r$$

(2) $\vec{F} = Q\vec{E} = \dfrac{\dfrac{-a}{d}Q^2}{4\pi\varepsilon_0(d-d_1)^2}\vec{a}_r = \vec{F} = Q\vec{E} = -\dfrac{aQ^2}{4\pi\varepsilon_0 d(d-\dfrac{a^2}{d})^2}\vec{a}_r$

$$= \dfrac{-adQ^2}{4\pi\varepsilon_0(d^2-a^2)^2}\vec{a}_r$$

17. 如圖所示，兩平行導線中，電流各為 I_1 及 I_2，並且為相同方向，兩平行導線之距離為 D，求點 1 和點 2 之間所受的力大小。

：

由安培定律及圓柱座標系統：得到 $\vec{B}_{12} = \dfrac{\mu_0 I_1}{2\pi D}\vec{a}_\phi$，

所以 $\vec{F}_{12} = I_2\vec{a}_z \times \vec{B}_{12}\vec{a}_\phi \cdot l = I_2\dfrac{\mu_0 I_1 \ell}{2\pi D}(\vec{a}_z \times \vec{a}_\phi) = \dfrac{-\mu_0 I_1 I_2 l}{2\pi D}\vec{a}_r$，

同理 $\vec{F}_{21} = \dfrac{-\mu_0 I_1 I_2 l}{2\pi D}\vec{a}_r$。

由此可知，兩電流同向時，為相吸引。反之亦可以證明兩電流反向時作用力相斥。

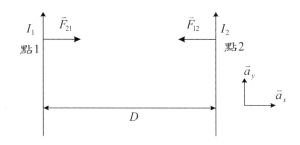

18. 如圖所示，兩電流線圈，電流各為 I_1 及 I_2，半徑均為 a，距離為 d ($a \gg d$)，求兩環之間的作用力大小。

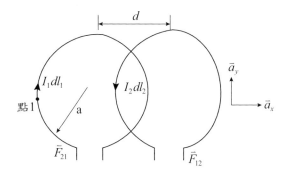

解 :

由安培定律及圓柱座標，得到 $\vec{B}_{21} = \dfrac{\mu_0 I_2}{2\pi D}(\vec{a}_\phi)$ 。

利用 $\vec{F} = \vec{I} \times \vec{B} \cdot l$ 的公式，並取微小變化，則 $d\vec{F}_{21} = \dfrac{\mu_0 I_2 I_1 dl_1}{2\pi D}\vec{a}_\phi$ 。

所以 $\vec{F}_{21} = \oint d\vec{F}_{21} = \displaystyle\int_0^{2\pi a} \dfrac{\mu_0 I_2 I_1}{2\pi D}\,dl_1\,\vec{a}_\phi = \dfrac{\mu_0 I_1 I_2}{2\pi D} \cdot 2\pi a\,\vec{a}_\phi = \dfrac{\mu_0 I_1 I_2 a}{D}\vec{a}_\phi$ 。

推薦閱讀

電腦輔助設計與工具機實例（附光碟）
Computer Aided Design-with Examples on Machine Tool Design

王松浩　陳維仁　劉風源著

　　本教材在規劃與編排上皆異於坊間其他教材，使用之範例皆為關鍵機構：工具機中銑床主軸箱之零組件，在3D零件設計階段所繪之圖為銑床的零件，零件圖做好後便能以這些成品完成整個系統的組合體。本書從零件到組合一氣呵成，完成以後即可見到自己設計之所有的零件，次組立及總組合，使讀者對設計更有整體感和成就感。

　　每個操作步驟按順序搭配彩色圖片具體實現，不僅適合想學好電腦輔助設計的大學機械相關領域的學生，同時對於想進一步瞭解工具機內部構造的在職人士更有明顯的助益。本教材亦獲得教育部產業先進人才培育計劃2012年優良教材評選佳作獎。

書號5F58　　定價480元

電腦輔助沖壓模具設計
Computer Aided Stamping Die Design

林栢林　郭峻志　著

　　本書籍主要是以實務經驗為基礎，從作業需求的角度編著。特色包含：1.範例採用業界實際案例：以金屬燈殼實例，結合3D CATIA軟體，設計沖壓模具。2.呈現真實設計作業：依據設計準則與規範，選用/計算零件材料、位置及尺寸值，與操作電腦輔助繪圖。3.一個案例貫穿完整設計流程，全書採用全彩印刷，使每個操作步驟按順序搭配彩色圖片具體實現，讓讀者將抽象觀念實體化。本書可做為在學學生學習沖壓模具設計實務的教科書，亦可做為業界沖壓模具設計工程師在職進修參考書。

書號5F59　　定價450元

電子學實驗
Learning Electronics Through Experiments

謝太炯　著

書號5DG6　　定價320元

每一實驗單元都包含：實驗原理「說明」、「操作項目」、「重點整理」、「討論及問題」。另外依序介紹PSpice模擬，包括電子元件的特性分析，類比及數位電路的模擬，目的是藉由PSpice模擬，學習使用電路分析的軟體。

本書內容的安排採用循序漸進的方式，讓讀者可藉由「電子實驗」，逐步學習電子學相關的基礎知識。在一些章節也加入一般電子學教科書少見到的題材，使本書內容更豐富多元。本書所述及的電路及實驗方法目前皆已試用於教學實務，非常適合修習大學專科電子學課程學生及從事相關實務之人士閱讀使用。

LED螢光粉技術
The Fundamentals, Characterizations and Applications of LED Phosphors

劉偉仁　主編／劉偉仁　姚中業　黃健豪　鍾淑茹　金風　著

書號5DH3　　定價780元

主要針對LED螢光材料，包含發光原理、製備方法、LED封裝、光譜分析，乃至於最近非常熱門的螢光玻璃陶瓷技術以及量子點技術進行一系列的介紹。全書彩色印刷，並附有豐富習題與詳解，供讀者掌握要點練習與測驗。

本書內容適合大專或以上程度、具有理工科系背景之讀者閱讀，也適合當做目前從事LED相關產業的工程師，以及大專院校在LED相關專業領域如光電、物理、材料、化學、化工或電子電機等工程科系學生之教科書，希望藉由此書協助國內大專院校的學生進入LED發光材料的研究殿堂。

國家圖書館出版品預行編目資料

圖解電磁學／張簡士琨、温坤禮著. －－二
版.－－臺北市：五南圖書出版股份有限公
司, 2014.03
　面；　公分
ISBN 978-957-11-7423-5（平裝）

1.電磁學

338.1　　　　　　　　　102023483

5DE6

圖解電磁學(第二版)

作　　　者 — 張簡士琨、温坤禮

發 行 人 — 楊榮川

總 經 理 — 楊士清

總 編 輯 — 楊秀麗

副總編輯 — 王正華

圖文編輯 — 林秋芬

排　　　版 — 簡鈴惠

封面設計 — 小小設計有限公司

出 版 者 — 五南圖書出版股份有限公司

地　　　址：106台北市大安區和平東路二段339號4樓

電　　　話：(02)2705-5066　　傳　　　真：(02)2706-6100

網　　　址：https://www.wunan.com.tw

電子郵件：wunan@wunan.com.tw

劃撥帳號：01068953

戶　　　名：五南圖書出版股份有限公司

法律顧問　林勝安律師

出版日期　2012年10月初版一刷
　　　　　2014年3月二版一刷
　　　　　2023年3月二版四刷

定　　　價　新臺幣320元

經典永恆・名著常在

五十週年的獻禮 —— 經典名著文庫

五南，五十年了，半個世紀，人生旅程的一大半，走過來了。
思索著，邁向百年的未來歷程，能為知識界、文化學術界作些什麼？
在速食文化的生態下，有什麼值得讓人雋永品味的？

歷代經典・當今名著，經過時間的洗禮，千錘百鍊，流傳至今，光芒耀人；
不僅使我們能領悟前人的智慧，同時也增深加廣我們思考的深度與視野。
我們決心投入巨資，有計畫的系統梳選，成立「經典名著文庫」，
希望收入古今中外思想性的、充滿睿智與獨見的經典、名著。
這是一項理想性的、永續性的巨大出版工程。
不在意讀者的眾寡，只考慮它的學術價值，力求完整展現先哲思想的軌跡；
為知識界開啟一片智慧之窗，營造一座百花綻放的世界文明公園，
任君邀遊、取菁吸蜜、嘉惠學子！